人像摄影后期
核心技法

倪栋　编著

人 民 邮 电 出 版 社
北 京

图书在版编目（CIP）数据

人像摄影后期核心技法 / 倪栋编著. -- 北京 : 人民邮电出版社, 2025. -- ISBN 978-7-115-65955-2

Ⅰ. TP391.413

中国国家版本馆 CIP 数据核字第 2024N5B756 号

内 容 提 要

除了构图、用光等因素，后期对于摄影作品的完美呈现也是至关重要的。本书从人像摄影后期的基础照片格式和Adobe Camera Raw入门开始介绍，进而讲解了在对人像照片进行精修之前要掌握的选片技巧与人物五官常识、Photoshop人像摄影后期处理基础知识、借助AI快速实现人像精修、修瑕疵与磨皮技巧、人像肤色与画面调色技巧，以及人物五官、轮廓、身材优化等内容，之后还分享了提升人像照片表现力及调色的高级技巧。

本书内容由浅入深，按一页一个知识点的方式编排，让读者的学习变得更轻松、更有节奏感。本书适合广大摄影后期爱好者及摄影初学者参考阅读，对于想要精进后期技能的专业修图师也有一定帮助。

◆ 编　　著　倪　栋
　责任编辑　张　贞
　责任印制　周昇亮

◆ 人民邮电出版社出版发行　　北京市丰台区成寿寺路 11 号
　邮编　100164　　电子邮件　315@ptpress.com.cn
　网址　https://www.ptpress.com.cn
　北京九天鸿程印刷有限责任公司印刷

◆ 开本：880×1230　1/32
　印张：6.75　　　　2025 年 4 月第 1 版
　字数：208 千字　　　2025 年 4 月北京第 1 次印刷

定价：59.80 元

读者服务热线：(010)81055296　印装质量热线：(010)81055316

反盗版热线：(010)81055315

前言

要精通人像摄影后期处理，难点主要有两个方面：其一，对 Adobe Camera Raw（简称 ACR）、Photoshop 等后期处理软件的学习和掌握；其二，需要具有一定的审美和创新能力。

要想真正掌握人像摄影后期处理技术，不能太专注于软件操作，而是应该先掌握一定的后期处理理论知识。举一个简单的例子，要学习人像磨皮技巧，如果先掌握了磨皮的基本原理，那么后面的操作就很简单了，只需几分钟就能够掌握双曲线、中性灰等磨皮技巧，并牢牢记住。

这说明，学习人像摄影后期处理，不仅要知其然，还要知其所以然，才能真正实现人像摄影后期的入门和提高！

为了让读者真正全面掌握人像摄影后期处理的知识，本书注重人像摄影与人像后期精修的原理讲解，并结合实际案例进行练习，以期让读者收到事半功倍的效果。

读者在学习本书的过程中如果遇到疑难问题，可以与作者（微信号 381153438）联系，作者会邀您加入本书读者群，与其他读者一起学习和交流。读者还可以关注我们的微信公众号“千知摄影”，了解并学习有关摄影基础、摄影美学、数码后期和行摄采风的精彩内容。另外，百度搜索“摄影师郑志强”，可以查看更多与摄影、摄像相关的前后期课程。

目录

第 1 章
照片格式与 Adobe Camera Raw 入门

对人像数码照片进行后期处理，往往要先借助 Adobe Camera Raw（简称 ACR）对 RAW 格式的文件进行初步调整，之后再输出照片或进入精修环节。本章将介绍对 RAW 格式的文件进行修片所需的基础知识，包括照片格式、RAW 格式文件的载入与批处理等。

1.1　JPEG，兼具显示与存储优势的格式

JPEG 是摄影师最常用的照片格式，扩展名为 .jpg（在计算机内设定以大写或小写字母的形式来显示扩展名，图中所示便是以小写字母 .jpg 表示的）。因为 JPEG 格式的照片在高压缩性能和高显示品质之间找到了平衡，通俗地说，即 JPEG 格式的照片可以在占用很小空间的同时，具备很好的显示画质。同时，JPEG 是普及性和用户认知度都非常高的一种照片格式，计算机、手机等设备自带的读图软件都可以畅行无阻地读取和显示。对摄影师来说，无论什么时候，都会与这种照片格式打交道。

对大部分摄影爱好者来说，无论是最初拍摄时使用了 RAW、TIFF、DNG 格式，还是曾经将照片保存为 PSD 格式，最终在计算机上浏览、在网络上分享时，通常还是要转为 JPEG 格式呈现。

1.2　RAW，原始数据未经压缩的格式

从摄影的角度来看，RAW 格式与 JPEG 格式是绝佳的搭配。RAW 是数码单反相机的专用格式，是相机的感光元件 CMOS 或 CCD 图像感应器将捕捉到的光源信号转化为数字信号的原始数据。RAW 格式的文件记录了数码相机传感器的原始信息，同时记录了由相机拍摄产生的一些源数据（如 ISO 的设置、快门速度、光圈值、白平衡等），RAW 是未经处理和压缩的格式，可以把 RAW 概念化为“原始图像编码数据”，或者更形象地称为“数字底片”。不同的相机有不同的对应格式，如 NEF、CR2、CR3、ARW 等。

因为 RAW 格式保留了摄影师创作时的所有原始数据，没有因优化或压缩而产生细节损失，所以特别适合作为后期处理的底稿使用。

综上，使用相机拍摄的 RAW 格式的文件用于进行后期处理，最终转为 JPEG 格式的照片，以便在计算机上查看和在网络上分享。因此，可以说这两种格式是绝配！

1.3　RAW格式的优势（1）：保留原始数据

下面介绍 RAW 格式与 JPEG 格式的区别，以及 RAW 格式的优势。

首先打开一个 RAW 格式的文件。打开 Photoshop 软件，在文件夹中找到想要打开的 RAW 格式的文件，用鼠标将其拖入 Photoshop，照片会自动在 Adobe Camera Raw（ACR）中打开。

RAW 格式的文件能够记录拍摄时的相机数据、镜头数据、白平衡数据等信息，它是数据文件包；而 JPEG 格式的文件是已经进行过压缩和处理的图像文件。由于 RAW 格式的文件保存了更多的原始数据，在后期对其进行处理时具有更高的灵活性，可以反复修改，包括调整白平衡模式等；而 JPEG 格式的文件已经进行了处理和压缩，因此修改的余地较小。

当前，已经打开了一个 RAW 格式的照片。在 ACR 中单击“颜色”选项，可以看到“白平衡”等众多参数。展开“白平衡”下拉列表，可以看到许多白平衡模式。后期在 ACR 中选择白平衡模式与前期拍摄时直接设置白平衡模式是完全相同的，这也是 RAW 格式文件的一大优势。而打开 JPEG 格式的文件后，是没有这些可修改的选项的。

1.4　RAW格式的优势（2）：更高的位深度

与 JPEG 格式的文件相比，RAW 格式的文件更大的优势在于其具有更高的位深度。人们使用相机拍摄 RAW 格式的文件，通常会选择 12 位或 16 位的位深度，这种较大的位深度可以确保在后续进行亮度和色彩调整时，画面不会出现明显的画质损失，不会出现明暗过渡不平滑、画面有波纹或断层等问题。

在前面打开的 JPEG 格式文件的 ACR 界面中，单击“亮”选项，将“曝光”和“高光”值降低，并提高“对比度”值。此时放大照片，可以清楚地看到天空从亮到暗的过渡区域出现了明显的断层。这种现象是一种严重的失真，是由于 JPEG 格式文件的位深度不足导致的。

1.5 位深度高低的差别

在下图中可以看到 3 个色条。第一个色条呈现黑白两极的变化；第二个色条由黑、灰、白等不同的灰度级别构成，共有 5 个级别的变化；第三个色条从黑到白的变化，虽然肉眼分辨不出级别，但实际上它包含 256 个级别的变化。通过观察这 3 个色条，可以得出结论：如果变化较少，从黑到白的过渡就会显得不够平滑。只有达到 256 级的变化，才能确保从黑到白的过渡具有平滑性。

为什么是 256 级呢？这与计算机对数据的存储和计算方式有关。计算机以二进制位数来存储数据，而一个 8 位的二进制数能够表示的数据变化数量就是 2^8 即 256 种变化，这也正是 256 级明暗变化的由来。

人们将纯黑色定义为 0，将纯白色定义为 255，共计 256 级。其中，8 位被称为照片的位深度。若希望照片呈现出更加丰富、细腻的变化，那么较大的位深度无疑是更好的选择。RAW 格式的文件往往拥有更大的位深度，比如 12 位、14 位或 16 位等。一张 16 位位深度的照片拥有 2^{16} 即超过 6 万种变化，与 256 相比差距非常巨大，这可以确保照片具备更加细腻的画质，并拥有更大的后期处理空间。

1.6　XMP，记录修图过程的格式

如果利用 ACR 对 RAW 格式的文件进行过处理，那么在文件夹中会出现一个同名的文件，但文件扩展名是 .xmp，且该文件无法打开，是不能被识别的文件格式。

其实，XMP 格式的文件是一种操作记录文件，记录了人们对 RAW 格式原片的各种修改操作和参数设定，是一种经过加密的文件格式。正常情况下，该文件非常小，几乎可以忽略不计。但如果删除该文件，那么之前对 RAW 格式文件所进行的处理和操作就会消失。

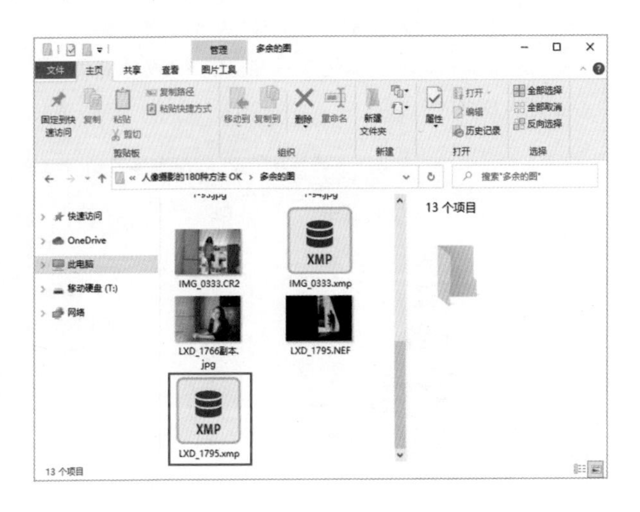

1.7　DNG，Adobe推出的RAW格式

如果了解了 RAW 格式的相关知识，就很容易理解 DNG 格式了。DNG 也是一种 RAW 格式，是 Adobe 公司开发的一种开源的 RAW 格式。Adobe 公司开发 DNG 格式的初衷是希望破除日系相机厂商在 RAW 格式文件方面的技术壁垒，能够实现一种统一的 RAW 格式文件标准，不再有细分的 CR2、NEF 等。虽然有哈苏、徕卡及理光等厂商的支持，但佳能及尼康等大众厂家并不买账，所以 DNG 格式并没有实现其开发的初衷。

目前，Adobe 公司的软件默认将 RAW 格式的文件转为 DNG 格式进行处理，这样处理速度可能要快于一般的 RAW 格式的文件。另外，大疆公司作为新兴的影像器材厂商，其无人机拍摄的 RAW 格式的文件直接使用了 Adobe 公司的 DNG 格式。

1.8　PSD，工程文件格式

PSD 是 Photoshop 图像处理软件的专用文件格式，文件扩展名是 .psd，是一种无压缩的原始文件保存格式，也可以称之为 Photoshop 的工程文件格式（在计算机中双击 PSD 格式的文件，会自动打开 Photoshop 进行读取）。由于可以记录所有之前处理过的原始信息和操作步骤，因此在图像处理中对于尚未制作完成的图像，选用 PSD 格式保存是最佳选择。之后再次打开 PSD 格式的文件，之前编辑的图层、滤镜、调整图层等处理信息仍存在，用户可以继续修改或者编辑。

正是因为保存了所有的文件操作信息，所以 PSD 格式的文件往往非常大，并且通用性很差，只能使用 Photoshop 读取和编辑，使用不便。

1.9　TIFF，印刷通用格式

从对照片编辑信息保存的完整程度来看，TIFF（Tag Image File Format）格式与 PSD 格式很像。TIFF 格式是 Aldus 和 Microsoft 公司为印刷出版开发的一种较为通用的图像文件格式，扩展名为 .tif。TIFF 是现存图像文件格式中非常复杂的一种，可以支持在多种计算机软件中打开和编辑。

当前专业的照片输出，比如印刷作品集等大多采用 TIFF 格式。TIFF 格式的文件很大，但却可以完整地保存照片信息。从摄影师的角度来看，TIFF 格式大致有两个用途：要想在确保照片有较高通用性的前提下保留图层信息，可以将照片保存为 TIFF 格式；如果照片有印刷需求，可以考虑保存为 TIFF 格式。更多时候，人们使用 TIFF 格式主要是看中其可以保留照片处理的图层信息。

PSD 格式的文件是工作用文件，而 TIFF 格式的文件更像是工作完成后输出的文件。最终完成对 PSD 格式文件的处理后，输出为 TIFF 格式，确保在保存大量图层及编辑操作的前提下，能够有较强的通用性。

1.10　GIF，显示简单动画效果的格式

GIF 格式可以存储多幅彩色图像。如果把保存在一个文件中的多幅图像数据逐幅读出并显示到屏幕上，就可构成一种最简单的动画。当然，也可能是一种静态的画面。

GIF 格式自 1987 年由 CompuServe 公司引入后，因其体积小、成像相对清晰，特别适合在初期慢速的互联网中使用而大受欢迎。当前很多网站首页的配图就是 GIF 格式的。将 GIF 格式的照片载入 Photoshop，可以看到它是由多个图层组成的。

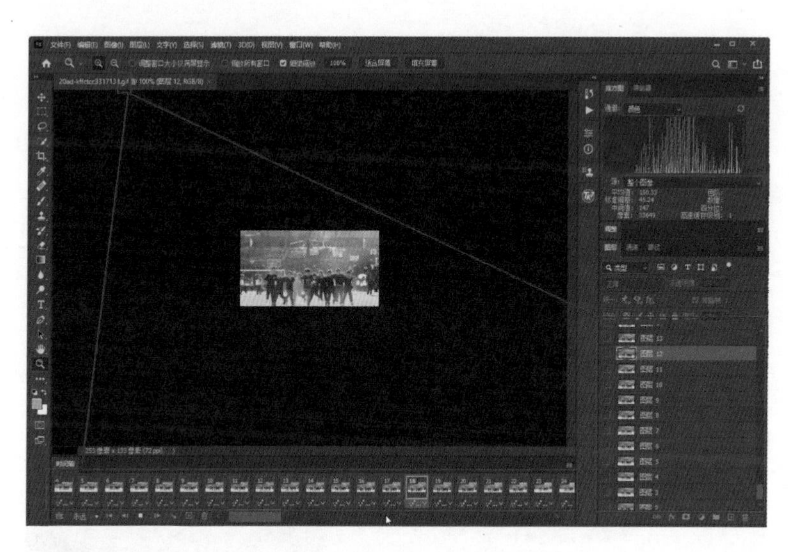

1.11　PNG，无背景格式

相对来说，PNG（Portable Network Graphic Format）是一种较新的图像文件格式，其设计目的是替代 GIF 和 TIFF 文件格式，同时增加一些 GIF 文件格式所不具备的特性。

对摄影用户来说，PNG 格式最大的优点往往在于其能很好地保存并支持透明效果。比如，抠取出主体景物或文字，删掉背景图层，然后将照片保存为 PNG 格式，再将该 PNG 格式的照片插入 Word 文档、PPT 文档或嵌入网页，它会无痕地融入背景。

1.12　ACR的界面布局与功能

如果同时选中多个 RAW 格式的照片，并将它们拖入 Photoshop，那么所有被拖入的 RAW 格式的照片会同时在 ACR 中打开。下面来看 ACR 的界面布局。

1. 标题栏：显示了软件名称和版本号。2. 照片标题区：显示照片的标题、格式及相机型号。3. 照片显示区：用来放大显示照片，方便观察和进行后续的调整。4. 胶片窗格：显示用户打开的所有照片的缩略图，单击某个缩略图，就可以选中该照片，并对其进行全方位的处理。5. 直方图：对应着照片的明暗状态，后续章节会详细介绍。6. 界面导航：单击不同的图标会切换到不同的功能界面，可以对照片进行全方位的调整。7. 功能调整区：对照片的所有调整几乎都是在这里进行的。8. 常用控制工具：包括放大 / 缩小、移动等工具。9. 照片显示设置与管理区：用于设置照片的显示大小、比例，以及修图前后的视图等。此外，还可以对照片进行基本的管理和筛选操作，例如设置星级筛选等。10. 照片流程选项设定区：单击该超链接可以打开首选项设定界面，对 ACR 进行全方位的功能设定。11. 常用按钮区：包含打开、取消、完成等不同的按钮。12. 存储按钮和照片首选项设定按钮。

1.13　在ACR中打开RAW格式的照片

如果要在 ACR 中打开 RAW 格式的文件，可以在计算机的文件夹中直接单击 RAW 格式的文件，按住鼠标将其拖入 Photoshop。这样就可以自动在 ACR 中打开该文件，然后对该文件进行后续处理就可以了。

1.14　在ACR中打开单张JPEG等格式的照片

如果要在 ACR 中打开 JPEG、TIFF 等格式的照片，可以先打开 Photoshop，单击“文件”菜单，然后选择“打开为”命令。在“打开”对话框中找到照片所在的文件夹，选中照片，在右下角的格式下拉列表中选择 Camera Raw 选项，最后单击“打开”按钮。

这样就能在 ACR 中打开该照片并使用 ACR 的全部功能。

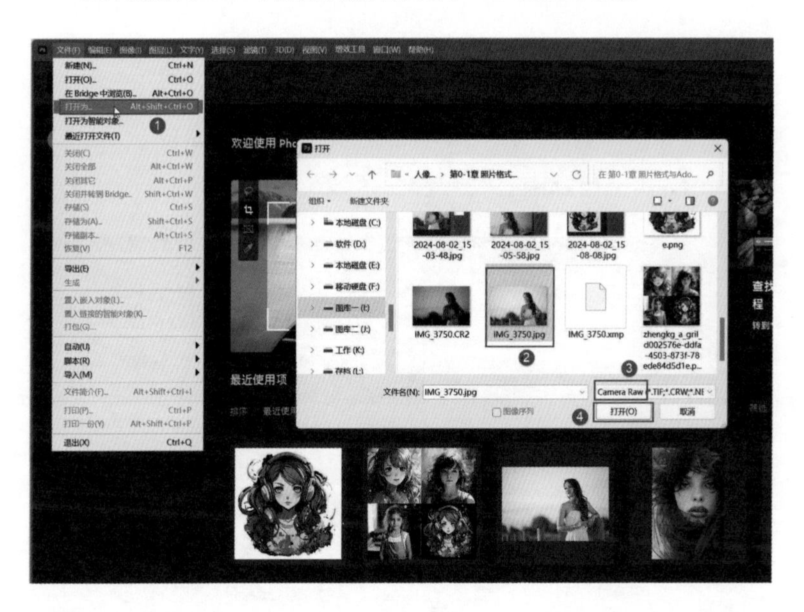

1.15　使用Camera Raw滤镜

如果已经在 Photoshop 中打开了一张 JPEG 格式的照片，再想将照片在 ACR 中打开，可以单击“滤镜”菜单，然后选择“Camera Raw 滤镜”命令。通过这种方式，同样可以将该照片加载到 ACR 中进行编辑。

需要注意的是，使用这种方式打开的 ACR 会有一些功能上的限制，例如无法进行裁剪等操作，但大部分功能仍然可以使用，约占总功能的 90%。

除此之外，还可以使用快捷键直接从像素图层进入 ACR。具体操作：在 Photoshop 中，保持英文输入法状态，按 Ctrl + Shift + A 组合键，也可以直接打开 ACR。通过这两种方法，可以在 ACR 和 Photoshop 之间来回切换，实现无缝衔接，以达到更好的修图效果。

1.16　在ACR中打开多张JPEG格式的照片

如果以后会频繁使用 ACR 处理 JPEG 格式的照片，可以单击“编辑”菜单，然后选择“首选项”→“Camera Raw”命令，打开“Camera Raw 首选项”对话框。切换到“文件处理”选项卡，在下方的“JPEG 和 TIFF 处理”选项组中，打开 JPEG 右侧的下拉列表，选择“自动打开所有受支持的 JPEG”选项。最后，单击“确定”按钮，即可完成设置。

这样，以后将 JPEG 格式的照片拖入 Photoshop 后，都会自动载入 ACR。

提示：只有经过这种设定，才可以在 ACR 中同时打开多张 JPEG 格式的照片。

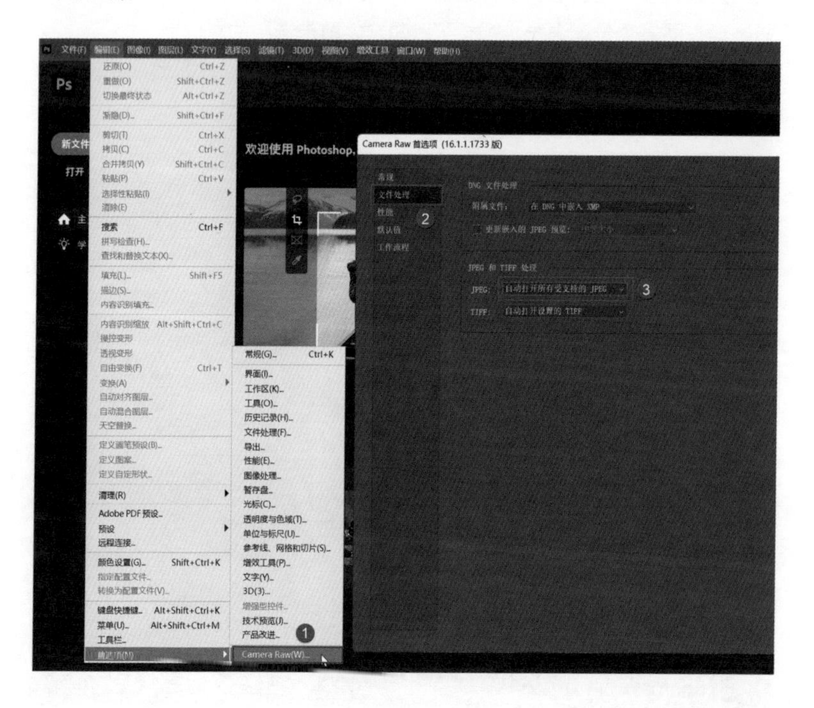

1.17　ACR批处理照片（1）：使用同步设置

下面介绍如何使用 ACR 来对照片进行批处理，以提高后期处理效率。

首先在 ACR 中对一张照片进行处理，之后在左侧的胶片窗格单击鼠标右键，选择“全选”命令，然后在已处理的照片上单击鼠标右键，在弹出的快捷菜单中选择“同步设置”命令，这时会打开“同步”设置对话框。通常情况下，需要保持所有选项的默认状态，直接单击“确定”按钮即可。但需要注意的是，如果对照片进行了“几何”“校准”“裁剪”“修复”“蒙版”等处理，那么必须确保所有照片上的这些处理都在同一个位置。如果这些处理不在同一个位置，那么就不能勾选这些复选框。如果这些处理在同一个位置进行，那么可以勾选之前未选中的复选框。

之后，直接单击“确定”按钮，就可以对照片进行批处理，处理完毕后保存即可。

1.18　ACR批处理照片（2）：直接处理所有照片

下面介绍一种比较简单的对照片进行批处理的方法。在对照片进行处理之前，在左侧的胶片窗格中选择所有照片，然后在右侧调整各种参数，就可以同时对所有照片进行处理。

1.19　ACR批处理照片（3）：借助.xmp文件完成批处理

下面介绍一种比较特殊的照片批处理的方法。

对某个 RAW 格式的文件进行处理并保存，同时在 Photoshop 中打开该文件，最后单击“完成”按钮完成操作，就会生成一个 .xmp 文件，即对 RAW 格式文件所做的所有处理就会被记录到这个 .xmp 文件当中。后续打开需要处理的照片后，可以再次调用之前的 .xmp 文件，就能应用相同的处理。如果对大量照片调用之前的 .xmp 文件，那便是批处理了。

具体操作：首先在胶片窗格中全选所有照片，然后在右侧打开折叠菜单，选择“载入设置”命令，之后在打开的对话框中选中要使用的 .xmp 文件，然后单击“打开”按钮，即可对照片套用之前的设置。

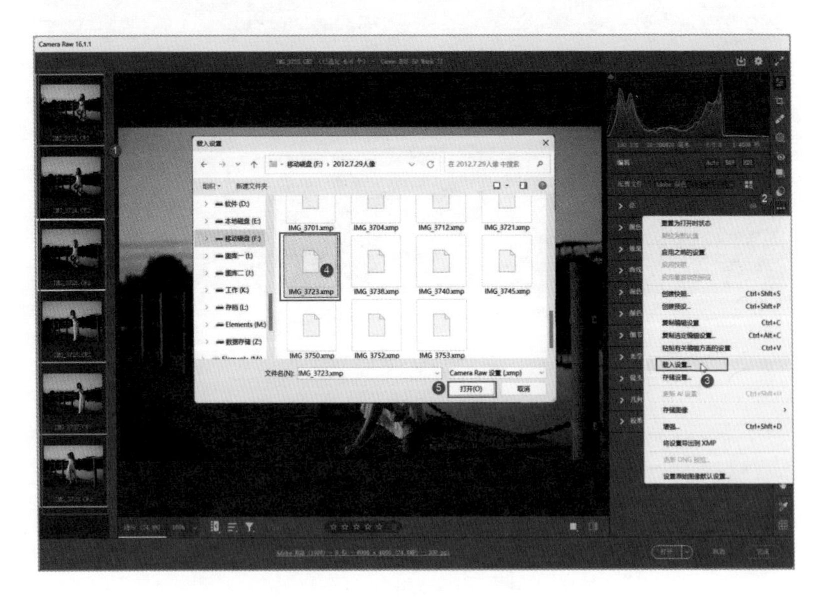

1.20　在ACR与Photoshop间来回穿梭

前面已经介绍过，在 Photoshop 中打开照片后，可以通过“滤镜”菜单中的“Camera Raw 滤镜”命令进入 ACR，或者按 Ctrl + Shift + A 组合键进入 ACR。在 ACR 中处理照片之后，单击“确定”按钮就可以返回 Photoshop。

下面来看另外一种在 Photoshop 和 ACR 之间来回切换修片的方法。

在 ACR 中对照片进行处理后，在进入 Photoshop 时，按住 Shift 键，此时右下角的“打开”按钮变成了“打开对象”。单击“打开对象”按钮后，会将照片以智能对象的形式在 Photoshop 中打开，在“图层”面板中，照片图标右下角会出现智能对象标记。之后，如果想要再次返回 ACR，只要双击照片图标即可，并且返回的 ACR 是具有完整功能的，要比通过选择“Camera Raw 滤镜”命令进入的 ACR 界面的功能多。

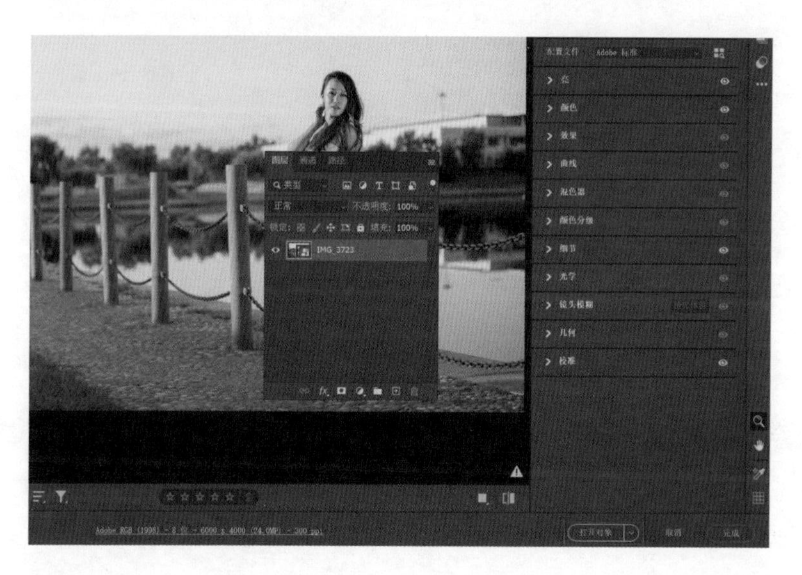

第2章

人像摄影后期的选片技巧与审美常识

在对人像照片进行精修之前，要先掌握从大量照片中选出更好照片的选片技巧，还要掌握人物五官及其他一些基本的审美规律，这样才能为后续的人像精修打好基础。

2.1　构图要避开干扰

在摄影创作中，画面的简洁与纯净是基础且至关重要的原则，人像摄影同样适用。在拍摄人像时，首先挑选一个相对纯净的场景，避免场景中杂乱无章的树枝、树叶及不规则的线条，为人物创造一个干净、简洁的背景。同时，还要注意避开背景中过往的行人，以确保最终成像效果的完美。例如，在这张照片中，成功规避了走廊下方不规则的线条和背景中的行人，从而获得了较为理想的画面效果。

2.2　构图要协调

为了拍摄出优秀的人像摄影作品，摄影师必须具备扎实的构图知识，这将极大地增强画面的表现力。这里并不探讨日常摄影中常见的三分法、黄金分割等构图技巧，而是着重强调在取景构图时，确保画面的和谐与平衡，并通过以下案例来具体说明。在展示的两个案例中，两张照片的人物表情和动作均表现出色。然而，在右侧的照片中，人物左侧胳膊所取的范围较少，而右侧胳膊取得较多，导致画面出现左右失衡的现象，这是不和谐的表现。相比之下，下方这张照片虽然右上角略显空旷，但人物胳膊左右两侧的构图比例协调且均衡。因此，在选择照片时，倾向于选择下方这张照片。

2.3　为人物眼神留出空间

所谓给人物眼神留出空间，是指照片中人物面朝的方向或视线的方向，要有充足的空间，如果这个空间过小，那么画面会给人拥挤的感觉，让人感觉不够舒畅。

在右侧这张照片中，人物视线偏向左侧，如果画面左侧留下的空间不足，那么人物的视线前方就会显得拥挤，画面会给人烦躁、不舒服的视觉感受，这也是一种画面构图不平衡的表现。

下面这张照片，从常规角度来看是一种失败的构图，因为人物视线（也可说是面前的空间）被截断了。但这个画面给人的感觉并不差，偶尔也会看到这种反常规的构图。实际上，这种刻意不给视线留空间的构图，要有一个前提，那便是光源方向在人物视线前方，甚至是在画面之外，这样画面的拥挤感就会被打破，让观者将视线或思维走向画面之外的光源方向。

2.4　构图要完整

无论是拍摄、后期修图，还是选择照片，都要注意画面的边缘，要确保画面的边缘不会切割到人物的一些关节部位，否则画面将显得不协调且残缺不全。

如下面这张全景人像照片，右侧的示意图中标注了不宜切割的部位。在取景时，需要避开红色虚线标示的位置。若画面边缘仍切割到这些位置，拍摄出的照片构图不合理，给人以不完整之感，即所谓的残缺感。初学者在学习过程中，尤其要注意避免此类低级错误。

2.5　景别要丰富

在进行精细修整时，要选择各种不同景别的照片。如下图所示，摄影师在梨园拍摄了大量照片。在后期修片之前，从中挑选包括全景、中远景、中景、中近景和特写等多样构图的照片，并对这些照片进行精细修整，最终修整完成的组图就可以呈现出丰富的景别和内容，为观者带来直观且愉悦的视觉体验，避免了照片的单调感。

2.6　仪表要干净

人像摄影创作，前期拍摄及后期选片，都需特别关注人物形象的整洁。保持人物形象整洁涉及两个主要方面。首先，在拍摄过程中，必须持续留意人物的妆容。若发现妆容出现瑕疵或脱落，应及时进行修补，确保妆容的精致。其次，对于女性被摄者，头发的整洁尤为重要，拍摄前应仔细梳理，以确保画面整体美观。在后期选片阶段，若发现因前期准备不足导致人物形象出现头发凌乱或妆容不佳等问题，应避免选择这些照片。

2.7　不要过于随意的照片

许多初涉人像摄影的摄影师，在经验不足的情况下，可能会在拍摄时显得急躁，未能充分留意被摄者是否已做好准备。在这种情况下匆忙按下快门，往往会导致照片中的人物表情和姿态显得过于随意。这种随意性一旦体现在最终的作品中，可能会使摄影作品显得不够专业和细致，从而缺乏应有的艺术效果。因此，在拍摄前期，摄影师应当保持镇定，确保模特摆好姿势再进行拍摄。在后期挑选照片时，也应避免选择那些过于随意的影像。

2.8　人脸不要花

在前期拍摄及后期选片过程中，还要注意避免人物面部出现杂乱的光影效果。也就是说，面部的光影应保持均匀，避免出现过于斑驳的光影分布。在进行人像摄影时，侧光或斜侧光会在人物面部形成明暗相间的光影效果，这样有助于增强面部的立体感。但是，在拍摄过程中，必须仔细调整拍摄角度，或者提醒模特注意姿态，以确保最终成像的画面中人物面部不会出现细小且分散的光斑。

例如，在下面这张照片中，尽管整体效果较好，但细致审视可发现人物鼻子左下方及嘴角处存在微小的光斑。这些光斑会破坏画面的和谐与人物的美感。因此，在前期拍摄时，必须仔细观察，以防止此类问题发生。一旦出现，后期制作时应细心去除这些微小的光斑。

另外，在一些树木下拍摄时也应该注意观察，要避免树叶间隙透射的光线直射人物面部，从而造成面部出现光斑。

2.9　人脸要补光

尽管人像摄影创作往往需要依赖大量的后期处理，但尽可能在前期拍摄阶段解决问题，有助于节约后期处理的时间，并且提升照片的整体品质。一个显而易见的原则是在拍摄逆光人像时，应尽量利用反光板或闪光灯等设备为被摄人物的背光面补光，确保人物面部等关键部位获得足够的曝光。这样不仅能够使人物面部的细节更加丰富，还能提高画面的质感，进而增强最终照片的表现力。

2.10　皮肤不能过曝

在进行人像摄影创作的过程中，无论是前期拍摄还是后期处理，都必须确保人物皮肤部分的曝光得当，避免过度曝光。许多人在后期处理时可能会过度提升人物皮肤的亮度，以得到更白皙的效果。然而，这种做法往往会导致皮肤出现轻微或严重的曝光过度。一旦皮肤曝光过度，就会造成皮肤纹理质感的丧失，进而影响人物面部轮廓的立体感。

以案例照片为例，第一张照片中人物面部虽然显得非常白皙，但仔细观察可以发现存在轻微的曝光过度现象，正是这种轻微的曝光过度导致了人物面部皮肤肌理质感的丧失。相比之下，第二张照片中人物面部皮肤虽然看起来不如第一张白皙，但皮肤表面的纹理质感保持得相当理想，面部的立体感也更为突出，从而使得整个画面的表现力更为出色。

2.11　要有眼神光

在人像摄影领域，有一个至关重要却常被忽略的问题，即前期拍摄或后期处理的照片中的人物必须具备眼神光。对于那些缺乏眼神光的照片，后期处理时必须加强或创造眼神光。只有具备眼神光，拍摄的人像照片才能具有更强的表现力，画面中的主体人物才会显得更加生动。在拍摄过程中，为了确保人物具备眼神光，必须确保人物面前有足够明亮的光源。

看第一张照片，人物的眼神光几乎不可见，因此人物显得没有神采；第二张照片中人物的眼神光变得明显，人物变得更有神采，画面也更加生动。

2.12　线条不要重合

在学习人像摄影之前，大家或许已经认识到一个重要的构图原则：在人像照片中，应避免线条重叠。这一原则的含义十分明确，即在画面中，人物的胳膊、肢体及双腿不应相互遮挡或重叠。当肢体之间错开位置时，可以完整地展现胳膊和腿部线条；反之，若出现完全的遮挡和重合，将给观者一种肢体不完整的错觉，从而造成画面的不和谐感。

在拍摄人像时，若模特采取坐姿，摄影师通常会指导模特将一条腿伸直，将另一条腿弯曲，以避免腿部线条的折叠和重叠。在案例照片中，模特采用了双腿同时弯曲的姿势，为了防止腿部线条的严重重合，拍摄时摄影师采取了侧向一定角度的方式。这样，人物两条腿的线条得以避免重合，达到了较好的视觉效果。

2.13　体块错位的重要性

在拍摄证件照时，通常要求被摄者的面部、躯干乃至腿部均朝向镜头，即身体 3 个主要部分的方向保持一致，以确保画面中人物细节的完整呈现。这种构图方式往往使人物显得端庄而稳重。然而，这种一致性也可能导致画面显得过于呆板，缺乏动感。因此，在进行人像摄影时，摄影师需注意被摄者身体各部分之间的错位。具体而言，面部朝向、躯干朝向与腿部朝向应有所区别，形成错位，从而使得照片更具动感和张力。

例如，在下面这张照片中，被摄者的躯干部分向画面右下方倾斜，而面部则向画面左侧转动，两者之间形成了明显的错位。这种构图手法使得画面显得更加生动和充满张力。

2.14　手不能抢戏

在进行人像摄影时，模特的手部姿势必须经过精心安排，不可随意摆放。若仅凭感觉自然地摆放，可能会导致照片中出现不协调的线条扭曲或不自然的弯曲。因此，在拍摄过程中，手部姿势应既自然又经过适当的设计和审视，以确保手部线条流畅，既不过于松散，也不过于紧密相叠，从而达到自然、和谐的效果。

在人像摄影中，手部的处理对增强人物的表现力有着不可忽视的作用。但是，也要注意手部不应过于突出，避免过于靠近镜头或遮挡面部，以免手部比例过大而抢夺了主体的风头，从而削弱了人物的表现力。下面通过两个实例来说明。在第一张照片中，尽管模特的表情和动作都相当到位，但手部所占面积过大，反而干扰了整体的表现力；而在第二张照片中，模特的手轻扶帽檐，营造出了一种俏皮、活泼的氛围，效果更为理想。

2.15　人物线条要流畅

前面已经强调了线条不重合的重要性，但对人像摄影而言，还有一条至关重要的原则，即人物的线条走向应避免过度弯曲。过度的弯曲或挤压会使得画面显得不协调，给人带来不适感。通常情况下，人物的肢体线条不宜超过两个弯曲点。恰当地运用了两个弯曲点形成 S 形，得到效果是可以接受的。然而，若人物肢体线条再多出一个弯曲点，则效果往往不尽如人意。

下面通过具体案例来分析这一点。观察第一张照片中人物肢体的线条走向可以发现，在 S 形的基础上又增加了一个反向弯曲，这导致人物线条显得不够流畅，姿势看起来也不够自然，显得有些别扭。相比之下，第二张照片中人物肢体的线条则显得流畅、自然。

2.16 “三庭五眼”的审美规律

在开始介绍人物面部精修技巧之前，首先介绍一下人物面部审美的一些重要规律，用最简单的话来概括，即“三庭五眼”。

所谓“三庭”，是指将从发际线到颏底线（下巴边缘）的部分进行三等分，这种三分的面容会有更好的视觉效果；“五眼”是指对人物面部的宽度进行五等分，每份的宽度为眼睛的宽度，这样的视觉效果会更理想。一般来说，人物的面容如果比较接近“三庭五眼”的比例，那么人物的面部看起来会更加标致、清秀。无论男女，这种面容会给人更漂亮的感觉。

在后期对人物面容进行精修时，对于局部的调整，应该尽量往“三庭五眼”的标准上靠近。

有了“三庭五眼”这样的标准，在后续对人像面部进行精修时，就有了一个大致的参考标准，不至于茫然无措不知道怎样处理。当然，这并不是绝对的，因为审美本身就是比较主观的东西，在对具体的照片进行处理时，也要看个人的感觉。

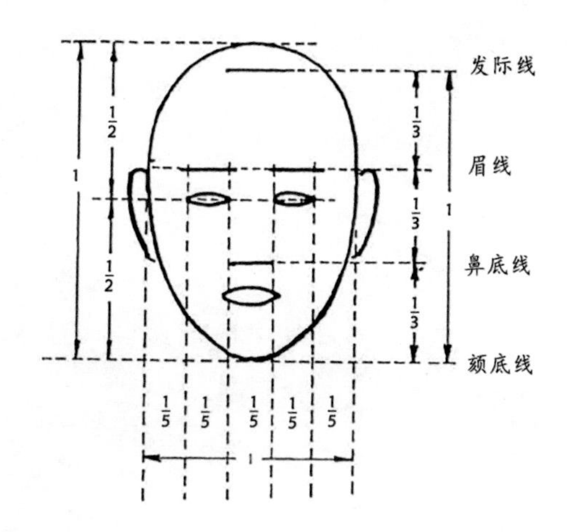

2.17　“三庭五眼”并非选片的唯一标准

对于那些面部五官不符合“三庭五眼”标准的人物，其在画面中所呈现出的气质也存在显著差异。

以下面这张照片为例，首先观察该人物，在其面部描绘出“三庭”的划分线，可以发现人物的三庭比例大致均衡，因此其五官显得较为规整。进一步观察双眼间的距离，虽然较为狭窄，但并不影响人物展现出的美感与庄重。由此从侧面印证了，要让人物显得美观，并非必须严格遵循“三庭五眼”的极致标准。

2.18　眼间距与人物特质

来看“五眼”距离不同所带来的画面差别。观察下面这张照片，人物的双眼间距相对较窄，这使得整体形象显得活泼且精明。若将双眼间距扩大，人物的形象则会呈现出更为娇憨、天真的特质。这种变化源于眼距的调整，为观者带来了直观的感受。

在修图过程中，大家可以根据期望展现的形象进行相应的处理：若想展现职场精英的精明形象，可适当压缩双眼间距；若要呈现憨厚天真的气质，则可拉宽双眼间距。

2.19　发量与年龄感

下面以一张照片为例，讲解对人物皮肤及五官进行精细修整所带来的改变。

观察照片可以发现，人物头部之外存在一些凌乱的头发，甚至面部也有类似的问题；人物面部有腮红，但手部肤色偏黄，两者色彩不统一；人物的牙齿颜色较黄；鼻翼两侧的法令纹明显且深；头顶的头发缝隙也较为明显；头发边缘位置的线条扭曲，显得不够流畅和自然。

在对照片进行初步修饰后，消除了部分凌乱的头发，并填充了发量。这样一来，人物形象显得更为年轻和健康。

2.20　五官精修带来的变化

下面继续调整：将人物肤色统一，增强眼神光，并弱化法令纹。调整完成后，就可以发现这张照片中的人物焕发出更为年轻、青春和优雅的气质。由此可以看到，对人物面部肤色及五官的调整是非常关键的。

2.21　面部重点位置的名称

下面为一张照片中的人物标注面部重点位置的名称，为后续对人像照片进行精修奠定基础。

首先，来看这张照片。这是一张人物形象照，但如前所述，画面存在一定的问题，如人物头部四周的乱发、颈部的颈纹等。

人物面部不同区域的名称分别为：1. 虹膜；2. 瞳孔；3. 睫毛；4. 眼白；5. 眼睑；6. 发际线；7. 发丝；8. 乱发；9. 眉头；10. 眉峰；11. 眉尾；12. 卧蚕；13. 苹果肌；14. 法令纹；15. 鼻梁；16. 山根；17. 鼻头；18. 人中；19. 鼻翼；20. 下颌骨；21. 下巴；22. 颧骨。请大致记住这些名称，以便在后续精修时在软件中直接调整。

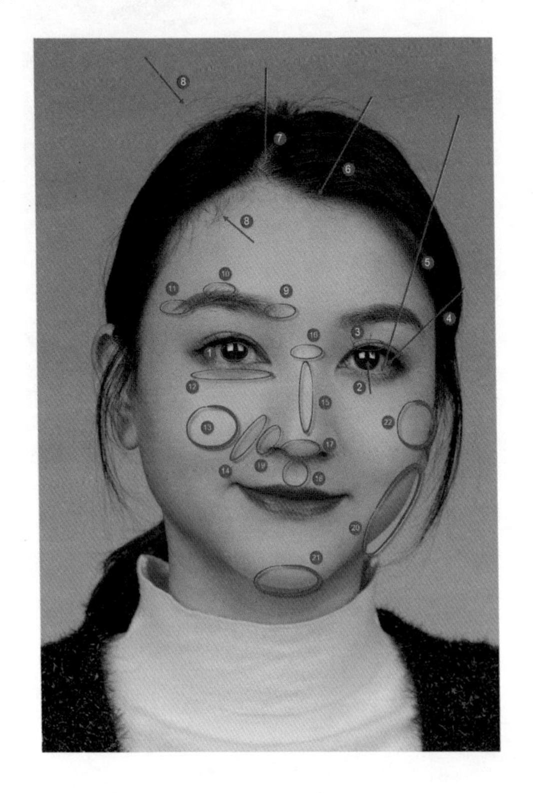

2.22　颅顶与人物气质

头顶与发际线中间的部分是颅顶，原图（下方左图）中人物的颅顶较低，这使得人物气质表现力略显不足。增高颅顶后，人物气质会更加优雅。

关于面部的精修，将在后续内容中详细讲解。

第 3 章 Photoshop 人像摄影后期入门

在对人像照片进行精修之前，大家应该先掌握一些 Photoshop 软件的基本操作技巧、基本工具的使用技巧，以及借助 Adobe Camera Raw（ACR）对照片进行调整的基本概念和操作技巧，为后续的人像精修打好基础。

3.1 Photoshop启动界面设置

安装好 Photoshop 软件之后，初次打开软件，会进入一个常规的主界面，如果之前没有使用过 Photoshop 或安装 Photoshop 后第一次启动，那么这个主界面就是空的。如果之前已经使用过 Photoshop，那么主界面中就会显示最近使用项，即打开照片的缩略图。在进行照片处理时，如果需要打开之前使用的照片，那么直接在主界面中单击这些缩略图即可。

如果不想在主界面显示大量缩略图，可以打开“文件”菜单，选择“最近打开文件”→“清除最近的文件列表”命令，可以清除这些缩略图。

3.2　熟悉Photoshop工作界面

Photoshop 主界面（或者说工作界面）有很多菜单和功能按钮分布，如果理清了各个区域的功能，那么后续学习起来还是非常简单的。下图中标注出了 Photoshop 主界面的功能板块，下面分别进行介绍。

1. 菜单栏：这些菜单集成了 Photoshop 绝大部分功能和操作，并且通过主菜单，用户可以对软件界面进行设置。2. 工具栏：工具栏用于辅助其他功能对照片进行调整，当然部分工具也可单独使用。3. 标题栏：显示照片的标题、格式、色彩模式，以及位深度等内容。4. 工作区：用于显示照片，包括照片的标题、像素、缩放比例、照片画面效果等。后续在进行照片处理时，要随时关注工作区中的照片显示，并对照片进行一些局部调整。5. 选项栏：选项栏主要配合工具使用，用于限定工具的使用方式，设定工具的使用参数。6.“直方图”面板：显示直方图，而直方图对应照片的明暗及色彩信息。7.“调整”面板：集成了大多数用于照片调整的命令。8.“图层”面板：显示图层信息，并可对图层进行操作。9. 处于折叠状态的面板。10. 最小化、最大化及关闭按钮。11. 用于显示照片的显示比例、尺寸和分辨率。

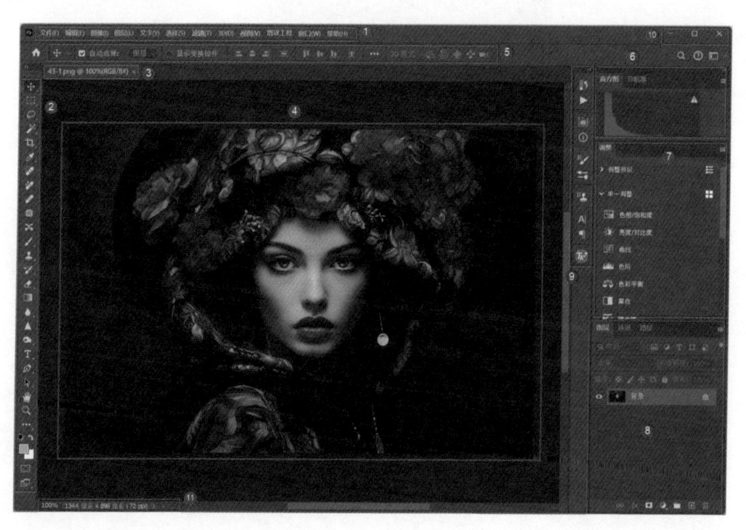

3.3 配置为摄影工作界面

安装好 Photoshop 后，初次打开一张照片，可能面板的分布及工具栏中工具的分布并非我们经常使用的一些功能和工具，此时可以将 Photoshop 主界面配置为适合摄影师处理照片经常使用的界面布局。

具体操作：在 Photoshop 主界面右上角打开工作区设置下拉菜单，在其中选择“摄影”命令，就可以将 Photoshop 主界面配置为摄影工作界面布局。

当然，也可以打开“窗口”菜单，在其中选择“工作区”→“摄影”命令，也可以将 Photoshop 主界面配置为摄影工作界面布局。

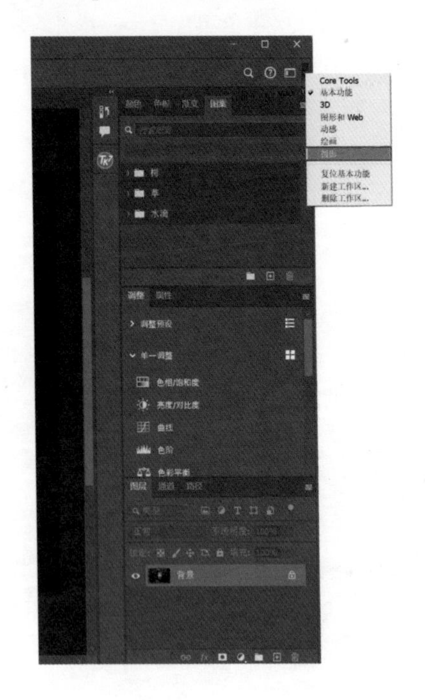

3.4　单独打开一张照片

如果要打开其他照片，可以在主界面左上角单击“打开”按钮，然后在打开的“打开”对话框中选中要使用的照片，再单击右下角的“打开”按钮即可。当然，也可以在文件夹中选择住要打开的照片，用鼠标将其拖入 Photoshop 主界面左侧的空白处，也可以将照片在 Photoshop 中打开。

3.5　工作空间（色域）设置

对照片进行处理，色域、位深度等选项是非常重要的，需要提前进行一定的设置。

在设置色域时，在主界面打开“编辑”菜单，选择“颜色设置”命令，打开“颜色设置”对话框，在其中将“工作空间”设置为 Adobe RGB 色域，然后单击“确定”按钮，这样就将软件设为了 Adobe RGB 色域，表示为软件这个处理照片的平台设置了一个比较大的色彩空间。当然，此处也可以设置为 ProPhoto RGB，它有更大的色域，但是它的兼容性及普及性稍差一些，可能有些初学者不是特别理解，需要今后专门进行学习。

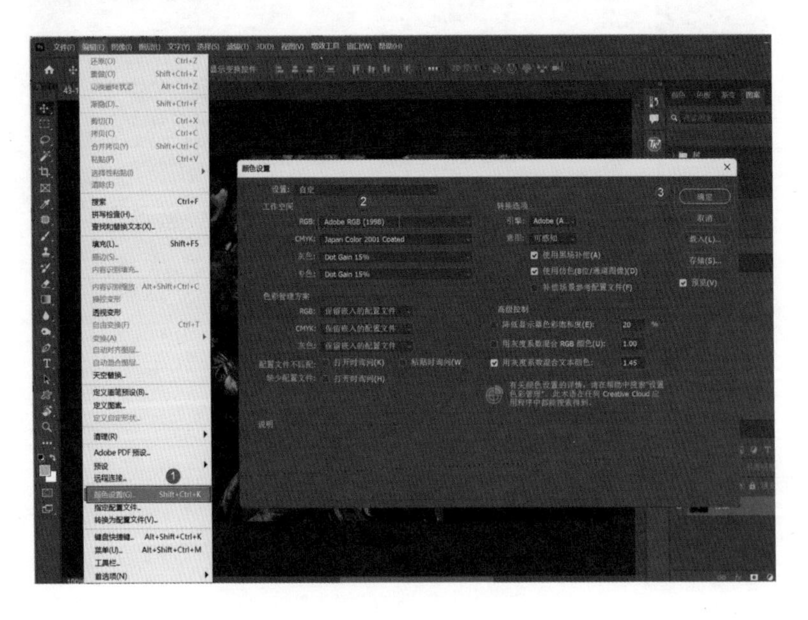

3.6　输出配置文件（色域）设置

打开“编辑”菜单，选择“转换为配置文件”命令，打开“转换为配置文件”对话框，在其中将“目标空间”设置为 sRGB，然后单击“确定”按钮。这表示用户在处理完照片之后，将输出的照片配置为 sRGB。sRGB 的色域相对小一些，但是兼容性非常好，将输出的照片配置为这种色域，就可以确保照片在计算机、手机，以及其他的显示设备当中保持一致的色彩，而不会出现照片在不同软件、不同设备色彩出现差异的情况。

3.7　照片的存储

在处理完照片对其进行保存时，打开“文件”菜单，选择“存储为”命令，打开“存储为”对话框，在其中设置保存的格式。大多数情况下，会将照片存储为 JPEG 格式，文件名之后会有 .jpg 或 .JPG 扩展名。

在“存储为”对话框右下方可以看到，“ICC 配置文件”为 sRGB，这是因为用户在保存照片之前进行过色彩空间的配置，这表示将照片配置为了 sRGB。然后单击“保存”按钮，这样会打开“JPEG 选项”对话框。

在“JPEG 选项”对话框中，可以设置照片保存的画质。在“图像选项”组中，可以将照片的品质设定为 0 ～ 12，共 13 个级别，数字越大，画质越好，数字越小，画质越差。一般情况下，可以将照片的画质保存为 10 ～ 12 的最佳画质。没有必要保存为 12，如果保存为 12，在右侧的“预览”复选框下方可以看到照片非常大，比较占空间。设置好之后单击“确定”按钮，这样就完成了照片从打开到配置再到保存的整个过程。

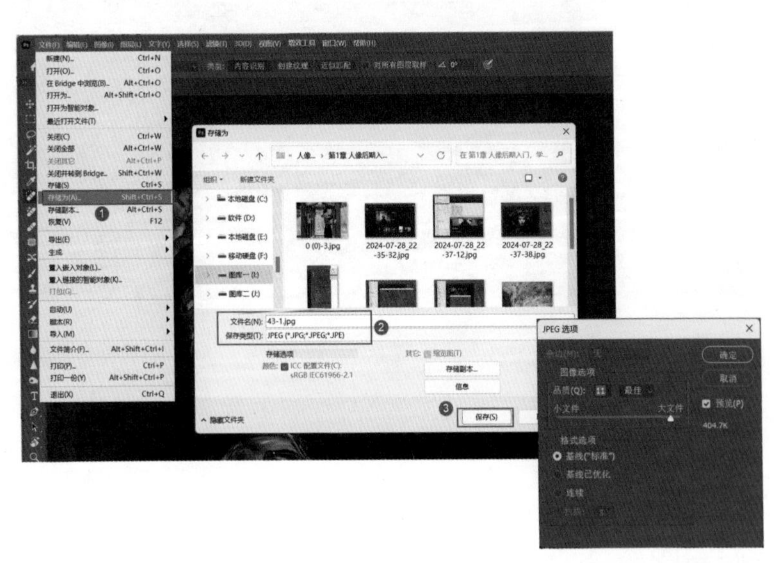

3.8　调整照片尺寸

照片处理完毕之后，如果要缩小照片尺寸，用于在网络上分享，那么可以打开“图像”菜单，选择“图像大小”命令，打开“图像大小”对话框，在其中可以调整照片的尺寸。

在默认状态下，照片的比例处于锁定状态。比如，此处设置照片的高度为 1344（像素），那么照片的宽度就会自动根据原始照片比例进行设置。

如果要改变照片的比例，那么可以单击照片尺寸左侧的链接按钮，将其去掉，之后可以看到链接图标上方和下方的连接线消失，这表示照片的比例不再锁定，用户可以根据自己的需求来改变照片的宽度和高度。比如，此处将照片的高度改为 1000，但是宽度并没有随之变化，这是因为解除了照片尺寸调整的比例锁定状态。

另外，还要注意，如果要确保输出的照片画质好一些，不应采用图中的 72 像素 / 英寸的分辨率，而应该将分辨率设置为 200 ～ 300。

3.9　插值放大照片

如果照片尺寸不够大，可能就不能满足印刷、冲洗或喷绘的要求。这时可以使用 Photoshop 中的插值放大功能。插值放大是一种图像处理技术，即通过已知邻近像素点的灰度值（或 RGB 图像中的三色值）来产生未知像素点的灰度值，以便由原始图像再生出具有更高分辨率的图像。这种技术通过使原图像的像素重新分布，改变像素数量，从而在图像放大过程中增加像素数量。插值的目的不是增加图像信息，而是通过计算生成新的像素值，这些新生成的像素值位于原始像素之间，以填补空白，使得图像在视觉上看起来更加平滑和干净。然而，需要注意的是，虽然图像尺寸变大，但由于插值并不能真正增加图像信息，因此效果相对要模糊。

在使用 Photoshop 的插值放大功能时，打开“图像大小”对话框，改变照片尺寸及分辨率后，重要的是在下方的“重新采样”下拉列表中选择“保留细节 2.0”选项，这样差值放大的效果会更好。

3.10　在Photoshop中缩放照片的3种方式

在 Photoshop 中打开照片，如果要缩放照片的显示比例，可以在工具栏中选择缩放工具，再在上方的选项栏中选择放大或者缩小工具。然后将鼠标指针移动到照片工作区中单击，就可以放大或缩小照片。但是这种操作比较烦琐，并且有时人们可能已经开启了其他的功能或正在使用其他工具，这时是没有办法再选择缩放工具的，但可以通过其他方式，在使用其他功能的状态下来缩放照片。

缩放照片的第二种方式是在“首选项”对话框中，切换到“工具”选项卡，在其中勾选“用滚轮缩放”复选框，然后单击“确定”按钮。这样在 Photoshop 主界面只要拨动鼠标上的滚轮，就可以放大或缩小照片，非常方便。

缩放照片的第三种方式则是键盘控制，放大或缩小照片，可以按 Ctrl++ 或 Ctrl+– 组合键，就可以分别放大和缩小照片。如果要将照片缩放到与软件工作区相符合的比例，那么直接按 Ctrl+0 组合键，就可以将照片以适合屏幕的缩放比例显示。

3.11　抓手工具与其他工具的切换

放大照片之后，在工作区看到的可能是照片的局部，如果要看照片放大状态下的其他局部位置，可以在工具栏中选择“抓手工具”，然后将鼠标指针移动到照片画面按住鼠标左键拖动，就可以查看照片的其他区域。

这里存在一个问题，即在使用其他工具时，如果要观察不同区域，但又不能退出当前使用的工具，那么可以按空格键，当前用户使用的工具会暂时切换为“抓手工具”，按住鼠标左键拖动就可以显示不同的区域，松开鼠标，则自动切换回用户正在使用的工具，这样非常方便。

比如，用户正在使用“套索工具”建立选区，选区建立一半时，需要观察照片的不同区域，此时一旦在工具栏中选择“抓手工具”，那么之前建立的选区就会取消，因此不能在工具栏中选择“抓手工具”。这时按空格键，鼠标指针变为抓手状态，在工作区按住鼠标左键拖动就可以查看其他区域。再次松开鼠标之后，会自动切换回“套索工具”，且之前建立的选区和工具的状态都不会受到任何影响。

3.12 前景色与背景色的设置

在工具栏下方有两个色块，分别是前景色与背景色。设定前景色可以作为“画笔工具”的颜色，设定背景色则可以很轻松地使用“渐变工具”等。设定前景色与背景色的操作非常简单，将鼠标指针移动到上方的色块即前景色上单击，就可以打开“拾色器（前景色）”对话框，在其中可以设定前景色。设定背景色时，单击工具栏下方的色块，可以打开“拾色器（背景色）”对话框，即可在其中进行设置。

在拾色器对话框的标题栏中可以看出当前设置的是背景色还是前景色。如下图设置的是背景色，然后在色块右侧的色条上上下拖动，可以选择主色调，然后在左侧选择具体的颜色。当然也可以在这个对话框右侧设置不同的 RGB 值来进行配色，要使用 RGB 值，可能需要用户有非常熟练的软件应用能力。

实际上，对于前景色与背景色的设置，设置纯白色与纯黑色的情况是比较多的。要设置为纯白色，只要按住鼠标左键向色块左上角拖动即可；如果要设置为纯黑色，则按住鼠标左键向左下角拖动即可。设定好之后，单击“确定”按钮。

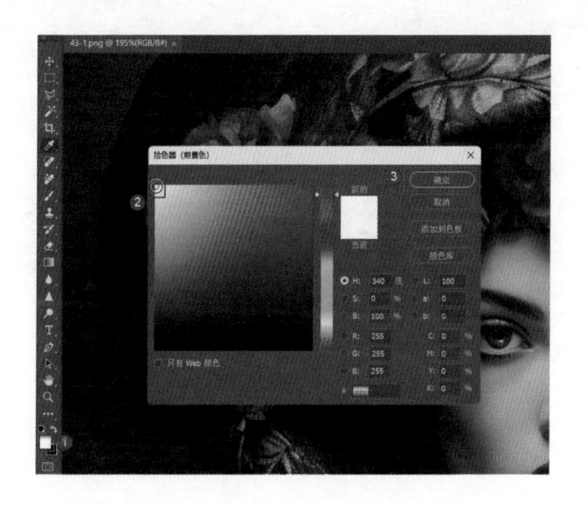

3.13 笔触大小的快速设置

在摄影后期修图时，可能要借助很多 Photoshop 工具来对画面进行调整，这些工具都有一个特点，即鼠标指针都会如“画笔工具”一样，是圆形的。在使用这些工具时，可能要放大或缩小笔触以便在画面上涂抹。入门级放大与缩小的操作方法是选择工具后，在打开的照片画面上单击鼠标右键，然后在弹出的面板中调整笔触大小。但这样操作比较烦琐，耽误时间。实际上，比较正确的做法是在英文输入法状态下，按向左和向右的中括号键对笔触大小进行调整——向左是缩小，向右是扩大。

3.14　二次构图时的比例控制

在进行人像摄影时，为了达到特定的照片比例或因构图的精确性不足，可能需要对照片进行裁剪，这一步亦称二次构图。在进行二次构图时，首先在工具栏中选取“裁剪工具”，随后在上方的选项栏中打开比例下拉列表。在下拉列表中选择所需的比例，例如选择 2：3，则可将照片的宽高比调整为 2：3。若需更改宽高比，例如将宽高比调整为 3：2，即横幅构图形式，仅需单击两个文本框之间的双向箭头，即可将设定的 2：3 比例更改为 3：2。若要取消已设定的比例，单击选项栏中间的“清除”按钮即可。在设定好特定比例或无需特定比例时，直接在照片上按住鼠标左键拖动，以确定二次构图的保留区域，最后在保留区域内双击，即可完成二次构图。

3.15 人像照片导图的参数设定

在大多数情况下，人们拍摄的原始文件均为 RAW 格式，保留了拍摄现场的所有详细信息，但画面效果可能不尽如人意，需要借助 Adobe Camera Raw（ACR）对照片进行初步处理。这一处理过程通常被称为导图，其目的是对 RAW 格式的文件进行优化，恢复细节层次，并将其转换为 JPEG 格式，以便于后续的精细编辑。

在相机中进行导图时，初步的参数设定主要在“曝光”参数组中完成。在 ACR 中，参数调整在“亮”面板中完成。曝光决定了画面的整体明暗，提高“曝光”值可以使画面变得更亮，而降低“曝光”值则会使画面变暗。“高光”参数用于调整画面的亮部，降低“高光”值有助于恢复亮部的细节层次。“阴影”参数则用于调整画面的暗部，提高“阴影”值可以恢复暗部的信息。“白色”参数和“黑色”参数分别用于调整照片中最亮和最暗的像素。通常，需确保照片中最亮的像素达到 255 级亮度，即纯白色，同时确保最暗的像素达到 0 级亮度，即纯黑色。“对比度”参数用于控制画面的反差，提高“对比度”值可以提高画面的清晰度，而降低“对比度”值则会降低画面的清晰度。值得注意的是，在处理人像照片时，人们通常追求画面的柔和与信息的完整性，因此往往需要降低对比度。

不同的影调参数适用于不同的照片，不存在绝对的或特定的限制规则，应当依据照片的具体情况来调整。

3.16　白平衡校正

在对照片进行基础的明暗调整之后，接下来确定照片的主色调，这一步主要通过调整白平衡来实现。首先，切换至“颜色”面板，并在“白平衡”右侧单击“吸管工具”。随后，将鼠标指针移动至照片中应呈现为纯白色、灰色或纯黑色的区域并单击，以指示软件该位置应无色彩偏差。软件将以所选区域作为基准，对画面色彩进行校正，这正是白平衡校正的目的。

观察原照片，尽管色彩看似正常，实则略微有些偏蓝色。经过白平衡校正后，色彩便显得更加准确、自然。

3.17 饱和度与自然饱和度

在“颜色”面板中，位于“白平衡”参数下方的“自然饱和度”与“饱和度”这两个参数用于调整色彩的纯度。

当调整“饱和度”时，画面中的所有色彩会同步发生改变。“自然饱和度”对照片中的红色、蓝色和绿色更为敏感，而对其他色彩的敏感度则相对较低。因此，通过调整“自然饱和度”，可以优化照片中天空的蓝色、绿色植被，以及红色的表现。

3.18　镜头校正（1）：消除彩边

在拍摄人像时，人们通常会使用降镜头的大光圈。在面对一些高对比度的场景时，高对比度物体的边缘可能会出现紫色或绿色的色边，统称为彩边。在 ACR 中，可以通过删除色差的方式来消除彩边。即打开“光学”面板，勾选“删除色差”复选框。

通过对比可以观察到，勾选此复选框后，高对比度物体边缘的彩边已被去除。若效果不尽如人意，还可以在下方通过限定特定色相来精确调整彩边的范围，并提高色相数值，以手动消除彩边，从而达到更佳的图像效果。

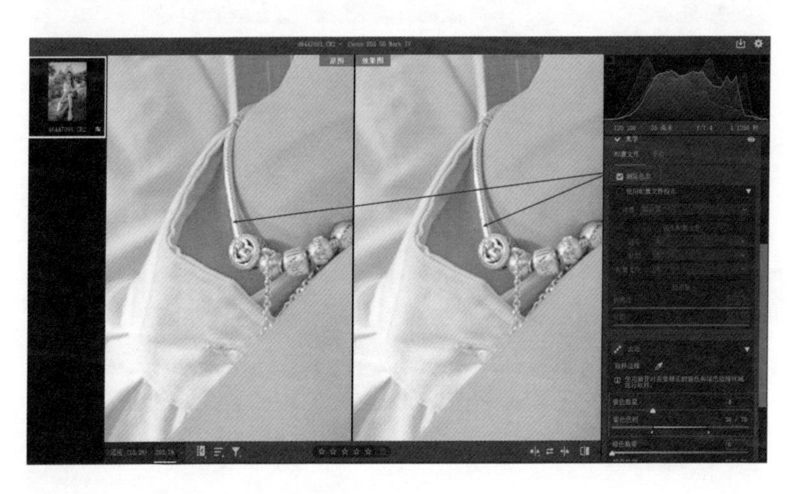

3.19　镜头校正（2）：消除畸变与暗角

由于镜头性能导致的问题，不仅包括高对比度边缘的彩边现象，还包括使用大光圈广角镜头拍摄时，画面边缘出现的几何畸变和暗角。在“光学”面板中，可以通过勾选“使用配置文件校正”复选框，软件将识别照片所使用的镜头，并依据识别结果对画面边缘的几何畸变和暗角进行校正。若校正后导致四周过亮，可以在下方调整“晕影”参数，以降低四周的亮度。同样，若几何畸变的校正过度，亦可调整下方的“扭曲度”参数，以优化校正效果。

3.20　纹理、清晰度与去除薄雾

在 ACR 右侧的面板中，第三个面板是“效果”面板。该面板包含 3 个至关重要的参数：纹理、清晰度、去除薄雾。通常，“去除薄雾”功能用于增强照片中不同平面之间的明暗对比和色彩对比。例如，背景中的天空、树木、人物面部及头发等，都是不同的平面。通过增强这些平面之间的对比，可以使画面显得更加清晰和通透。“清晰度”则着重于强化景物轮廓的明暗和色彩对比，如人物眼睛边缘和嘴部轮廓等。“纹理”功能则用于增强像素间的明暗和色彩差异。

通过调整“纹理”“清晰度”“去除薄雾”，可以使照片的质感更加鲜明，画面更加清晰或通透。

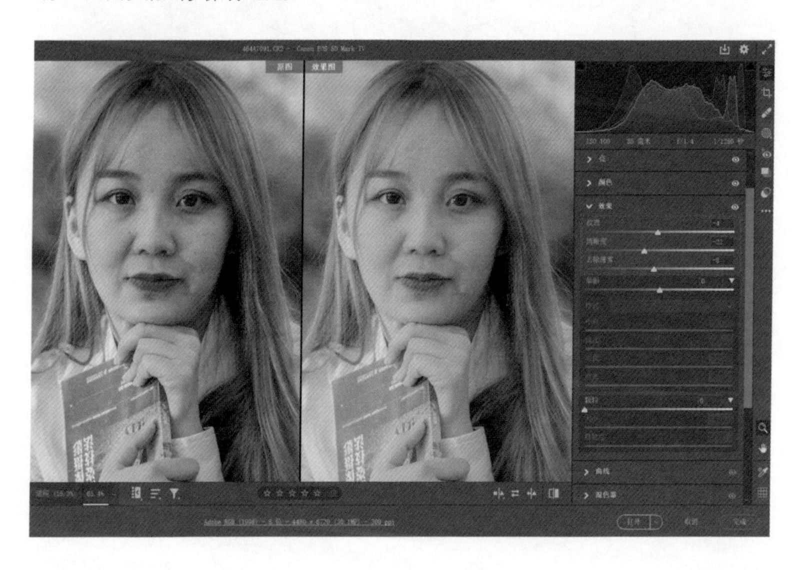

3.21　对比修图效果

在 ACR 中，对照片进行基础的明暗、色调、质感调整后，用户可单击照片显示区右下角的“在原图与效果图之间切换”按钮，以便对比照片调整前后的效果。此外，通过单击周围的按钮，可以将调整后的效果图复制到原图位置，或者调整两者的显示顺序，从而便于进行多种视角的比较，查看图像编辑效果。

3.22　导图完毕后的照片输出

经过调整，现在已初步完成导图。在 ACR 界面的右下角，可以单击“打开”或“完成”按钮。若对当前照片感到满意，可直接存储照片。单击右上角的“存储选项”按钮，打开“存储选项”对话框，在此可以设定照片的存储位置、格式、色彩、空间及尺寸等详细信息，随后单击“存储”按钮，即可完成照片的保存。

特别需要注意的是，在 ACR 界面单击“完成”或“打开”按钮时，系统会生成一个 .xmp 文件，该文件记录了所有编辑步骤和信息，便于后续对其他照片应用相同的编辑流程。相反，若单击“取消”按钮，则所有操作将不会被保存，这一点需要特别留意。

3.23 修复人像皮肤瑕疵前的准备

在完成人像照片的导图工作后，通常需要在 Photoshop 软件中打开照片，以便进一步进行编辑处理。

对于皮肤表面较为显著的瑕疵，例如黑头、痣等，主要利用多种修瑕工具来处理。在使用这些工具之前，建议先对它们进行适当的调整。首先，复制一个图层，接着单击工具栏底部的编辑工具栏按钮，在弹出的列表中选择“编辑工具栏”，打开“自定义工具栏”对话框。在该对话框中，挑选出常用的修瑕工具，并将它们拖动到其他工具上，以合并这些工具。完成这些步骤后，单击“完成”按钮，即可完成工具的整理工作，这将便于后续的使用。否则，如果各种工具完全展开并分布在工具栏中，将不利于进行使用和查找。

3.24　污点修复画笔工具

针对人物面部的细小点状瑕疵，可采用“污点修复画笔工具”进行处理，该工具操作简单。将鼠标指针放在修复工具组上按住鼠标左键不动，可展开该工具组，从中选取“污点修复画笔工具”，并适当调整笔触大小。将鼠标指针置于瑕疵之上单击，即可去除瑕疵。需要特别注意的是，“污点修复画笔工具”更适用于处理细小的点状瑕疵。

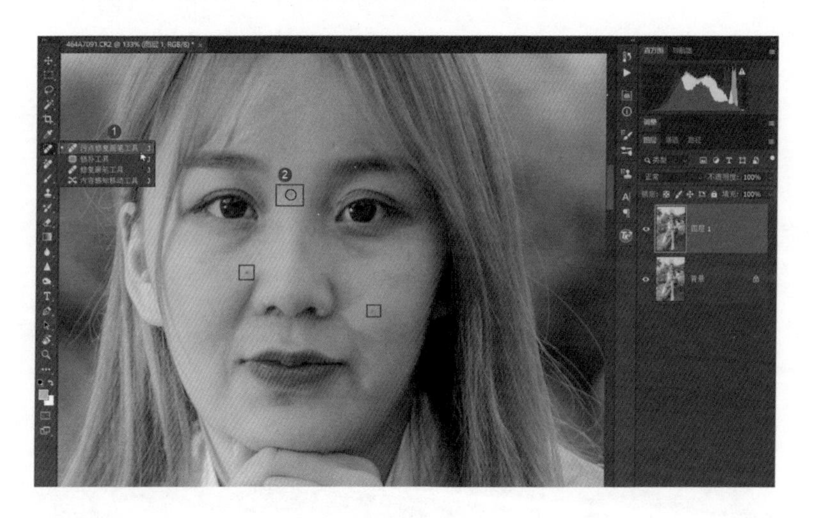

3.25　修补工具

针对人物面部的条纹状褶皱、散乱的发丝，可以使用“修补工具”进行调整。在修复工具组内选择“修补工具”后，使用鼠标勾勒出条纹状的瑕疵区域，创建选区。接着将选区拖动至周围正常的皮肤区域，释放鼠标按键。最后，按 Ctrl+D 组合键取消选区，即可去除条纹状的瑕疵。

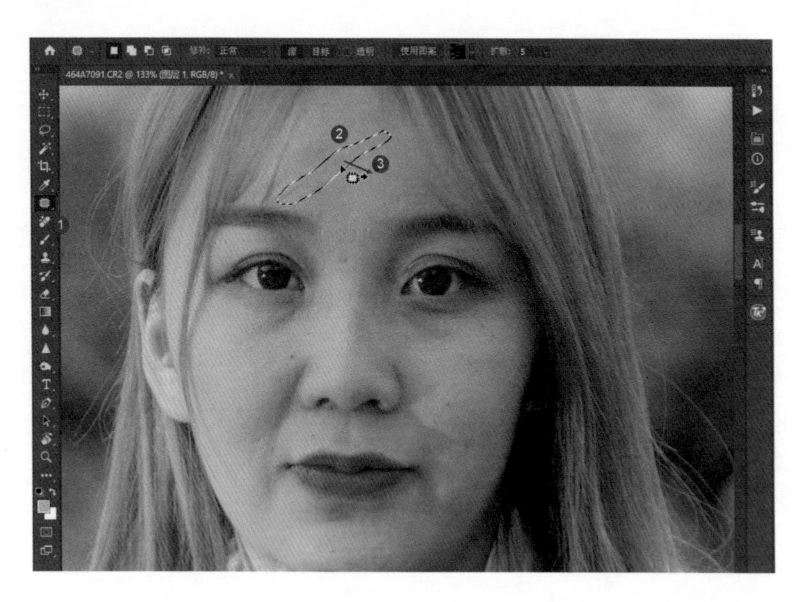

3.26　修复画笔工具

尽管“修复画笔工具”与“污点修复画笔工具”在名称上相似，但它们的操作逻辑却截然不同。选择“修复画笔工具”，接着调整笔触大小。将鼠标指针移至瑕疵周边没有瑕疵的皮肤区域，按住 Alt 键并单击以取样，随后释放鼠标。之后，将鼠标指针移至需要修复的瑕疵处单击，软件便会利用先前取样的正常皮肤区域来覆盖瑕疵。这便是“修复画笔工具”的工作原理及其应用方法。

“修复画笔工具”之所以强大，在于它能够对正常肤色区域进行取样，并用于填充瑕疵。即便取样区域与需要修复的瑕疵区域在明暗上存在差异，软件仍能通过计算实现令人满意的修复效果。例如下图所示，当从较暗的肤色区域取样以填充较亮的肤色区域时，修复效果依然相当出色。这证明了“修复画笔工具”的智能化程度。

3.27　仿制图章工具

一旦精通了“修复画笔工具”的工作原理，便能掌握“仿制图章工具”的使用。在选取“仿制图章工具”后，将鼠标指针移至肤色正常区域，按住 Alt 键并单击以进行取样。随后，将鼠标指针移至有瑕疵的部位，单击即可用取样区域的皮肤覆盖瑕疵。“仿制图章工具”与“修复画笔工具”的区别在于，后者会通过智能计算自动调整明暗对比，而“仿制图章工具”则会将采样区域的皮肤完整地复制到需要修复的地方，这可能导致纹理出现混乱。

因此，在处理一般瑕疵时，显然不宜使用“仿制图章工具”。那么，如何正确使用该工具呢？通常该工具适用于修复较为粗糙的皮肤区域，以及面部的油光。在使用时，按住 Alt 键直接在粗糙的皮肤或油光区域单击进行取样，然后轻微移动鼠标，在该位置连续单击进行取样。这样可以使粗糙的皮肤变得平滑，使油光区域变得柔和，从而消除粗糙皮肤和油光，甚至是细微的汗毛等。

3.28　图层的概念与用法

在 Photoshop 软件中，图层是指承载像素数据和调整设置的层次结构，这些层次结构相互叠加，共同制作特定的视觉效果。打开一张照片，在“图层”面板中可以观察到多个不同的图层，以及图层组。其中，最底层的“背景”图层是最初的原始照片。位于“背景”图层之上的“图层 1”是人们对原始照片进行瑕疵消除的图层。上方的“前景色”图层是一个调整图层，它不包含像素数据，而是用于调整照片的亮度或色彩。此外，“天空替换组”位于“图层”面板上方，该组内包含多个图层，其中一些图层用于替换天空，而另一些则用于优化画面的明暗对比。

通常情况下，为了达到理想的照片效果，需要利用多个图层逐步对照片进行细致的调整，这样才能获得更加完美的视觉效果。

3.29　选区的概念与用法

打开上节使用的照片，首先单击上方的“图层 1”，即用于修复瑕疵的图层。接着展开“选择”菜单，选择“天空”命令，此时天空部分被选中，选中区域以蚂蚁线标记，表示已经为天空创建了一个选区。选区的创建相对简单，它通过蚂蚁线来标记选定的区域。除了通过命令创建选区，还可以利用工具栏中的“套索工具”“魔棒工具”“快速选择工具”等来创建选区。

创建选区后，用户可以对选区内的区域进行特定的调整或合成。

3.30　蒙版的概念与用法

蒙版是一种覆盖在图像上用于定义图像调整的范围，这与选区的功能相似。前面已经为图像的天空部分创建了选区。在此基础上创建一个曲线调整层，当提高亮度时，天空区域会变亮，而其他区域保持不变。在蒙版上，天空区域以白色表示，这表明白色区域将展示调整效果；相反，黑色区域则对应于选区之外，用于隐藏调整效果，即不展示任何调整效果。通过蒙版的这种黑白变化，可以实现对图像的局部调整。

3.31　对比原图与修片之后的效果

在对照片执行特定调整后，若需要比较调整前后的视觉效果，可按住 Alt 键并单击“背景”图层前的图层可见性图标。此时，所有其他图层或图层组的可见性图标将不被显示，从而隐藏这些图层，展示出原始照片的视觉效果。保持按住 Alt 键，再次单击“背景”图层的可见性图标，将恢复显示所有图层的普通信息，即展示出调整后的效果，便于对比原始照片与编辑后的效果。

3.32　拼合图层与存储照片的关系

在完成照片调整后，单击“文件”菜单，选择“存储”或“存储为”等命令来保存照片。此时，若“图层”面板中包含多个图层，则保存照片的格式下拉列表中不包含 JPEG 等格式，而仅限于 PSD 等工程文件格式。这是由于尚未合并图层。若要合并图层，需在“图层”面板中的任意空白区域单击鼠标右键，在弹出的快捷菜单中选择“合并图层”命令，将所有图层合并为一个。合并完成后，再次保存时，可选择的照片格式将变得丰富多样，包括常用的 JPEG 等格式。

第4章 借助AI快速修人像

随着Photoshop和ACR软件功能的持续增强，特别是引入了众多的AI技术，即便是摄影初学者也能够利用这些先进的AI修图功能，迅速改善人像照片的质量，达到较为满意的效果。本章将介绍ACR与Photoshop中的AI技术在人像修饰方面的应用。

4.1　ACR景深

在前期拍摄人像时，若所用镜头焦距太短或光圈较小，可能导致人像照片背景虚化效果不明显，从而使得画面显得不够整洁。为解决此问题，大家可以利用 ACR 中的“镜头模糊”功能，以模拟接近真实镜头拍摄的背景虚化效果。

首先，在 ACR 中打开需要编辑的照片，切换至对比视图模式。然后展开“镜头模糊”面板，并勾选“应用”复选框。软件将自动进行计算，将人物以外的背景进行虚化处理，其效果自然，优于在 Photoshop 中使用“模糊”滤镜所达到的效果。此外，还可以在下方调整“模糊量”，以模拟不同光圈的效果，并可进一步调整景深区域。

通过上述调整，即可获得背景虚化程度更高且效果自然的照片。

4.2　ACR磨皮前的设定

在 ACR 中，用户能够对人像照片进行磨皮处理。在 ACR 中打开一张人像照片，接下来在右侧单击“蒙版”按钮。切换至蒙版界面，此时软件将自动识别出人物。单击识别出的人物头像，进入“人物蒙版选项”界面，在此勾选“面部皮肤”“身体皮肤”等复选框。接着勾选“创建 8 个单独蒙版”复选框，单击“创建”按钮。这样，软件将为人物的衣服、皮肤、五官等不同的部位分别创建蒙版，以便进行单独调整。通过这一系列操作，即可为人物的磨皮及其他精细修整工作做好了准备。

4.3　AI人像美化（1）：面部皮肤

在创建了多个蒙版之后，就可以在新的蒙版列表中看到它们。单击“面部皮肤”这一特定蒙版，在右侧的参数面板中适当提高“曝光”值，降低“清晰度”和“纹理”值，同时削弱锐化效果。通过这些调整，可以实现皮肤的提亮和柔化，从而达到磨皮的效果。观察处理后的结果，人物的皮肤显得更加光滑和白皙。

4.4　AI人像美化（2）：身体皮肤

单击“身体皮肤”蒙版，便能对人物面部以外的身体皮肤区域进行磨皮处理。实际上，无论是身体皮肤还是面部皮肤的磨皮，其原理大致相同，主要涉及提升“曝光”值，降低“纹理”和“清晰度”值，以及降低“去除薄雾”值。此外，还可以根据人物皮肤的色彩特性，调整饱和度和对比度，以优化皮肤的视觉效果。

需要注意的是，通常情况下，人物身体的皮肤亮度不宜超过面部皮肤，应略暗一些。因此，在提升“曝光”值时，应适度控制提升的幅度。同样，对于“纹理”“清晰度”“去除薄雾”值的调整，幅度也应该小一些。

4.5　AI人像美化（3）：眉毛

这张照片中人物的眉形较淡，且轮廓不够分明。因此，建议单击“眉毛”蒙版，随后向左拖动“黑色”滑块，加深人物眉毛的颜色，使其显得更为浓密。除此之外，人物的眉毛有些模糊，可以通过适当提升“纹理”值来解决，从而提高眉毛的清晰度和质感。

4.6　AI人像美化（4）：眼睛巩膜

照片中人物的白眼球部分不够白，也不够亮，这样会让人物显得没有神采。因此单击“眼睛巩膜”蒙版，提高“曝光”值，稍稍提高“白色”值来提亮人物的巩膜，让人物的眼睛显得更清澈、透亮。

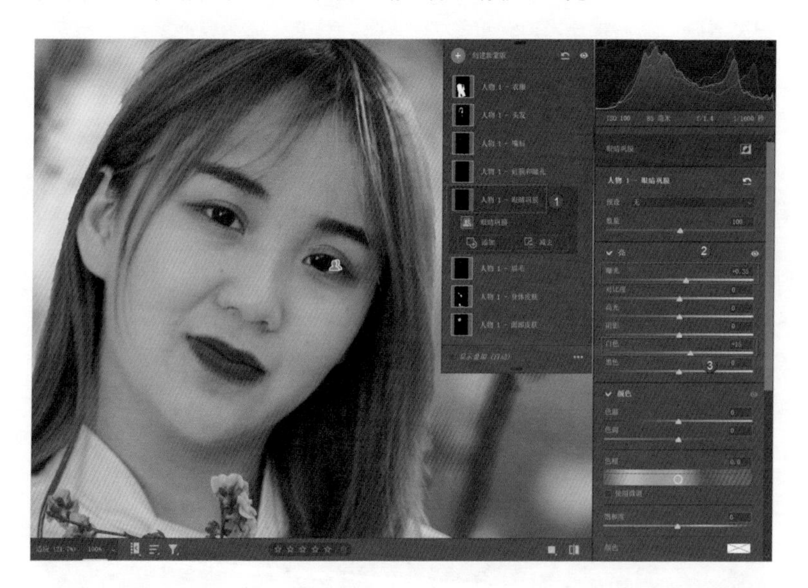

4.7　AI人像美化（5）：虹膜和瞳孔

人们通常所说的眼神光是位于人物眼睛虹膜和瞳孔上的。对于人物眼神光的调整，可以提高“曝光”“对比度”“白色”值，让人物眼睛变明亮。对这张照片来说，选择“虹膜和瞳孔”蒙版，提高“曝光”值，整体提亮眼睛；然后提高“对比度”，让人物的眼神光更明亮；要让人物的虹膜暗部暗一些，避免虹膜部分发灰，还要稍稍降低“黑色”值。

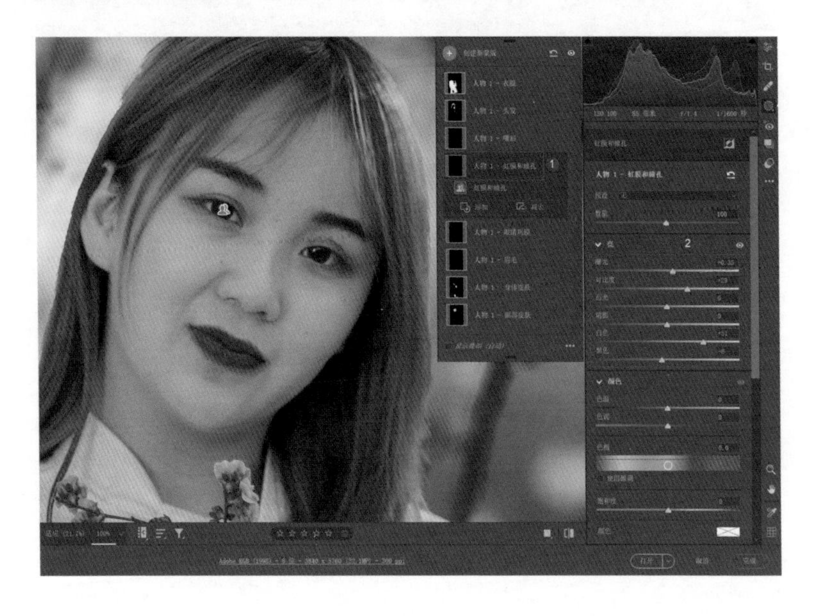

4.8　AI人像美化（6）：嘴唇

在修饰人物嘴唇部分时，需要从两个方面着手。

首先是唇色的调整。在调整过程中，不应仅将色彩滑块向红色方向移动，而且要适量添加洋红色，从而让唇色达到更为自然的效果。其次是唇部质感的处理。若人物唇部干燥，应适当降低“清晰度”和“纹理”值，以使唇部皮肤显得更为柔和。

对于当前照片，应单击“嘴唇”蒙版，适度提升“曝光”和“对比度”值，以增加唇部的细节和层次。同时，提高“色温”和“色调”值，以优化唇色效果。为了避免唇色饱和度过高而显得不真实或不协调，应适当降低“饱和度”值。此外，还需降低“纹理”和“清晰度”值，以使唇部看起来更为柔和。

4.9 AI人像美化（7）：头发

这张照片中人物的发色显得过于明亮且偏向黄色。单击“头发”蒙版，适度降低“曝光”值，以使头发的亮度降低。接着调整对比度，以恢复头发背光部分的细节。此外，还要对发色进行调整，通过降低“色温”值来减少黄色的比重，从而使发色看起来更为自然。最后，适量提高“色调”值，以进一步提升人物头发的整体视觉效果。

4.10　AI人像美化（8）：衣服

在进行人像摄影创作时，如果模特穿着的服装出现较多褶皱，我们可能需要消除那些细小的褶皱，使人物的着装显得更为简洁和干净。针对当前照片，单击“衣物”蒙版，适当降低“高光”值，以消除衣物表面的高光溢出，从而恢复细节。降低“饱和度”值，以防止衣物出现色彩偏差。此外，降低“清晰度”和“去除薄雾”值，有助于减轻细小褶皱带来的视觉影响，使人物的着装看起来更加整洁。

4.11　对比修图前后的效果

在 ACR 中完成对人像的 AI 调整后，用户可在照片显示区右下角单击“在原图 / 效果图之间切换”按钮，可以直观地比较原始图像与调整后的效果。在蒙版中完成对人物的 AI 修饰后，单击主界面右上角的“编辑”按钮，即可退出蒙版界面。

4.12　利用AI自动磨皮

Photoshop 软件新增了大量 AI 修片滤镜，这些滤镜能够对人像照片进行修饰，包括磨皮、调整妆容及改变表情等。

首先，在 Photoshop 软件中打开一张照片，接着单击“滤镜”菜单，选择“Neural Filters”（神经滤镜）命令，打开“Neural Filters”面板。在该界面中开启“皮肤平滑度”功能，即可实现对人物皮肤的精细磨皮。

启用磨皮功能后，人物皮肤将显得更为光滑。此外，还可以通过调整“模糊”和“平滑度”这两个参数，来进一步控制磨皮效果。

4.13　利用AI改变人物表情

利用 Photoshop 的神经滤镜 Neural Filters，还能够调整人物的表情。在对照片进行初步调整之后，再次在 Photoshop 中打开该照片，并打开神经滤镜“Neural Filters”面板，开启“智能肖像”功能。在界面右下方，通过滑动滑块，可以改变人物的表情。在本案例中，为了增强幸福感，向右移动了“幸福”滑块，观察到人物展现出了一丝笑容，这便是对人物表情的调整过程。

4.14　利用AI为人物化妆

通过神经滤镜 Neural Filters，还能够对人物的妆容进行调整。在进行妆容调整时，需要准备两张照片：一张是化有精致妆容的人物肖像，另一张则是未施粉黛的素颜照。通过设置能够将化有妆容的人物的妆容转移到素颜照片上，从而让素颜人物获得精致的妆效。

具体操作步骤如下：在神经滤镜“Neural Filters”面板中开启“妆容迁移”功能，接着在界面右下方单击“选择其他图像”选项，上传化有妆容的人物肖像。上传完成后，可以观察到照片中的素颜人物被赋予了参考照片中的妆容。

4.15　利用AI给黑白人像照片上色

Photoshop 的神经滤镜 Neural Filters 功能也可用于为黑白照片着色。在启用神经滤镜 Neural Filters 后，载入黑白照片，打开“着色”功能，即可看到黑白照片变为了彩色照片。此外，用户可以通过调整界面右下角的参数，进一步优化着色效果。

4.16　利用AI模糊人物背景

在 Photoshop 中，除了可利用“模糊”滤镜实现人像照片背景的模糊效果，还可利用“发现”面板中的某些特定参数来实现浅景深的模糊背景效果。

首先，打开要调整的人像照片。接着，按 Ctrl+F 组合键，打开“发现”面板，并单击其中的“模糊背景”选项。Photoshop 将自动进行抠图和背景模糊处理，从而获得背景更加柔和的照片效果。此外，在“图层”面板中，还可以通过双击“高速模糊”选项，进入详细设置界面，以便进一步调整模糊效果。

4.17　利用AI移除背景

实际上，进行背景模糊处理的核心操作是抠图，因此大家可以使用 Photoshop 进行快速抠图。在软件的“发现”面板中，选择“移除背景”选项，可以实现对主体人物的一键式抠图操作。该操作产生的抠图效果通常令人满意。此外，抠图完成后会创建一个蒙版，蒙版中的白色部分代表了抠取的主体。

4.18　利用AI制作艺术化人物头像

在 Photoshop 的“Neural Filters”面板中，开启“样式转换”功能，就可以为人像照片赋予多种艺术化的视觉效果，包括水彩、素描等。此外，对于这些艺术化效果，用户还可以通过调整相应的参数滑块进行精细的微调。

4.19　利用AI移除JPEG伪影，提升照片画质

JPEG 伪影是指在压缩和解压缩 JPEG 图像的过程中，由于算法的特性导致的图像质量下降现象。这种下降表现为图像中出现块状、模糊或失真的区域，尤其是在高频内容区域如纹理、边缘等处更为明显。

在神经滤镜“Neural Filters”面板中，用户可以通过开启“移除 JPEG 伪影”功能来优化照片画质。当前打开的照片的左侧画质并不理想，不够细腻，此时可以在神经滤镜“Neural Filters”面板中直接开启“移除 JPEG 伪影”功能，一键实现对画质的优化。

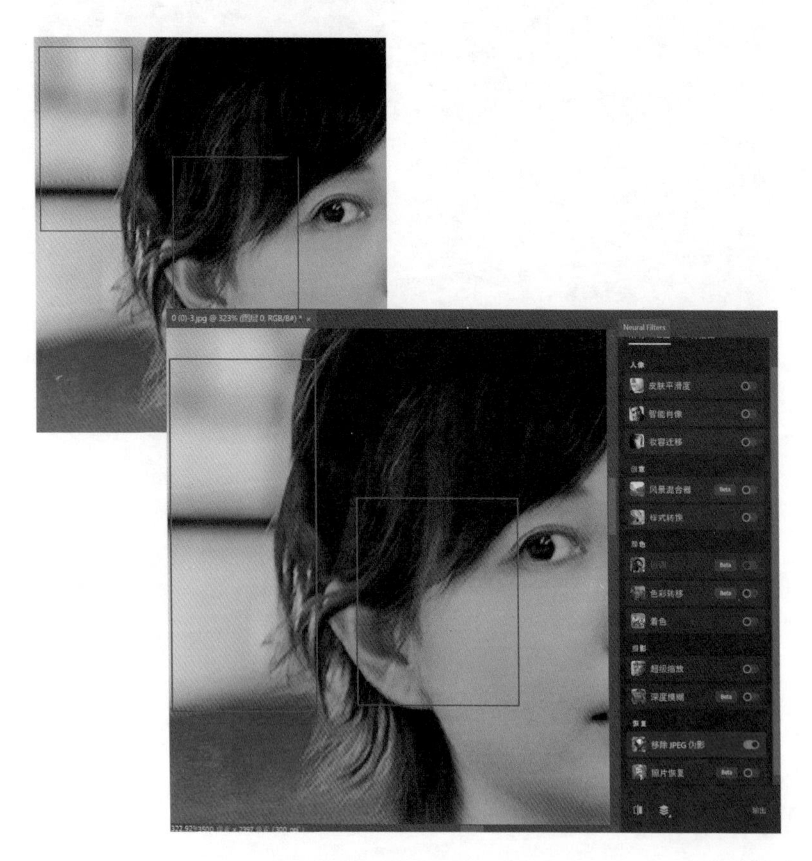

4.20　超级缩放，完美的AI插值放大

“Neural Filters”面板中的“超级缩放”功能主要用于对照片进行尺寸的放大，并且在放大之后确保不会损失太多画质，依然能够保持真实、自然的细节。

下面来看具体操作。打开的照片尺寸为 1024 像素 ×1024 像素，开启“超级缩放”功能，然后在界面右侧的中间位置，单击“放大”按钮，就可以放大照片。将照片放大 3 倍后，尺寸变为 3072 像素 ×3072 像素。观察右侧的预览图，可以看到细节还是非常理想的，最后单击“确定”按钮即可。

4.21　深度模糊，全面控制画面的虚实效果

“Neural Filters”面板中的“深度模糊”功能主要用于为照片建立更浅的景深，让背景更模糊。借助 Photoshop“选择”菜单中的“主体”命令，将人物选择出来，之后反选，选择背景，再对背景进行“高速”模糊等，可以实现背景的深度模糊，但这样做相对复杂。借助“Neural Filters”面板中的“深度模糊”功能，用户可以一键为画面建立模糊效果。具体操作时，直接开启“深度模糊”功能，然后调整“模糊强度”就可以了。调整完毕之后，单击“确定”按钮完成操作。

4.22　照片恢复，修复老照片

借助“Neural Filters”面板中的“照片恢复”功能，可以修复一些老照片中的噪点、划痕、污点等，从而让照片色彩更鲜艳，画质更细腻。注意：如果原照片的锐度比较差，是无法通过该功能修复的。本案例呈现的是 1990 年拍摄的一张照片，使用“照片恢复”功能处理之后，画面整体效果是不错的，只是锐度没有办法追回。最后单击“确定”按钮就可以了。

4.23　AI插件不是万能的

在应用 Neural Filters 对人像照片进行处理后，若效果不尽如人意，很可能是因为上传的照片并不适宜进行特定的 AI 处理。例如，打开一张由 AI 生成的人像照片，并尝试使用“智能肖像”功能改变人物表情时，人物面部出现了明显的失真。这通常是因为上传照片分辨率不足或图像质量不够精细。此外，还有一种可能是人物的表情或取景角度并不适合进行此类创作。

因此，大家要知道，Photoshop 中的 AI 功能并非全能的，它并不能保证对每一张照片进行处理都能实现预期的效果。

这时，不要再继续操作，而是应该关闭照片，重启 Photoshop 再次尝试。如果效果还不理想，那就如同前面所讲的，照片的分辨率或视角本身有问题，可以更换其他照片进行 AI 处理。

4.24　AI插件出问题怎么办

使用 ACR 或 Photoshop 中的 AI 功能，有 3 个必要条件：其一，软件版本足够新，旧版本是没有这些 AI 功能的；其二，需要联网，脱机的计算机也无法使用大部分 AI 功能；其三，计算机的性能足够好，最好有独立的显卡。对于第三点，如果计算机性能不够好，在使用 AI 功能时可能会出错。比如，有可能弹出一个提示框，提示“发生意外错误，无法完成您的请求”。这表示因计算机内存不足或硬件性能不足，导致发生了错误。

当出现这种情况时，可以先关闭 Photoshop 软件，再关闭其他正在运行的软件，释放一些内存。之后，单独将照片载入，再使用 AI 功能即可。

第 5 章

人像精修技法：修瑕疵与磨皮

本章将介绍人像摄影后期精修的两个重要技法：修瑕疵和磨皮。

5.1　借助软件选片

在对人像照片进行精细修饰之前，首要步骤是进行照片的选择。关于选择照片的基本原则，前面已经阐述过。下面重点介绍在选择照片时，如何利用特定的图像浏览软件来提高效率。通过软件进行选择，可以实现较大的预览尺寸，并且能够以对比视图的形式展现，方便人们迅速挑选出构图和画质均佳的照片。例如，Windows 系统内置的“照片”软件，既能确保照片有准确的色彩显示，又能让用户有更大的视角浏览多张照片。

下图显示的是 WPS 附带的“WPS 照片”软件，它也支持多张照片的同时放大预览。

5.2　导图（1）：基础调整

人们拍摄的照片大多采用 RAW 格式，因此在后期精修时，需要将照片导入 ACR，以便进行初步的导图。在开始处理照片之前，先将照片切换至对比视图模式，以便更细致地观察照片变化。对于下面打开的照片，可以观察到以下问题：照片的亮度不足，因此在基础调整阶段，可以适当提升“曝光量”；对比度较高，暗部区域显得较为深沉，因此降低了“对比度”；为了恢复高光区域的细节，降低了“高光”值；提高“阴影”值，恢复暗部的细节层次；提高“白色”的值，降低“黑色”的值，提高照片的通透度。通过这些调整，照片的整体效果得到了显著改善，细节层次变得更加丰富，对比度也显得更为适中。

5.3　导图（2）：修复畸变

在完成基础调整后，放大照片进行细致观察，可以发现照片边缘存在几何畸变，线条明显扭曲变形。因此，打开“光学”面板，勾选“启用配置文件进行校正”复选框。在初步校正后，若发现线条效果仍不尽如人意，还可以进一步调整下方的“扭曲度”参数，以使画面边缘的直线更加规整。

5.4　导图（3）：颜色调整

当前的照片有一些偏红和偏蓝，并且人物皮肤部分的饱和度比较高，因此切换到“颜色”面板，稍稍提高“色温”值，减少画面当中的蓝色；稍稍降低“色调”值，避免照片偏红。注意，因为是在原来参数的基础上降低的，所以当前显示的“色调”值仍然为正值。稍稍降低“自然饱和度”值，这样可以避免人物的肤色偏红。

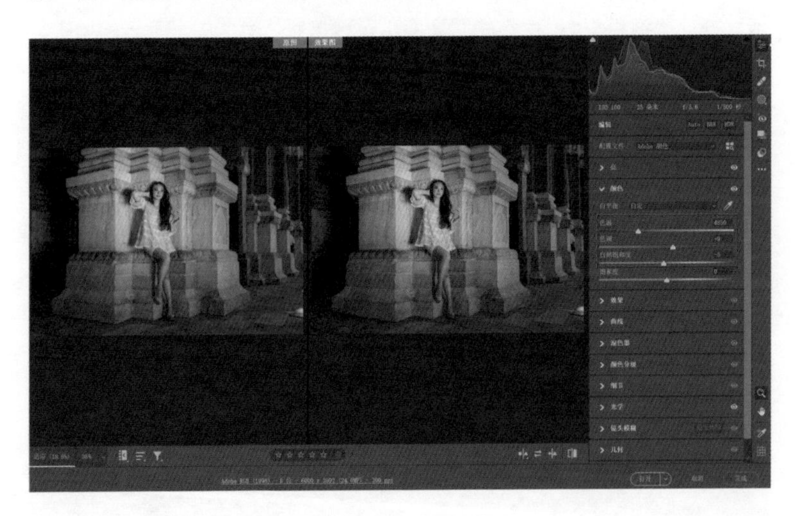

5.5　导图（4）：初步提亮肤色

人物肤色中的橙色的成分是比较高的，还包含一定的红色和黄色，因此在提亮人物肤色时，往往要降低红色、橙色和黄色的饱和度。之后提高这 3 种颜色的明亮度，最终让人物的肤色更加白皙。在调整肤色时，打开“混色器”面板，切换到“饱和度”选项卡，降低“红色”“橙色”“黄色”的饱和度，让人物的皮肤色彩变淡一些，之后切换到“明亮度”选项卡，提高“红色”“橙色”的明亮度。在这张照片中，由于背景的墙壁黄色比较明显，因此稍稍降低“黄色”的值，避免背景的墙壁过亮。

5.6　导图（5）：锐度调整

对色彩进行初步调整之后，切换到“效果”面板，在其中提高“纹理”值，稍稍提高“清晰度”值，这样可以强化画面的锐度，让画面中的人物轮廓和细节显得更清晰，锐度更高，画面会更有质感。

5.7　导图（6）：初步优化画质

因为前面对照片暗部进行了提亮，这就会导致暗部出现很多噪点，所以可以先对照片的画质进行初步优化，主要包括轻度的锐化及降噪处理。切换到“细节”面板，稍稍提高“锐化”值。这种锐化是对全图的像素进行锐化，但对人物的皮肤部分可以不进行锐化，保持它原有的光滑程度。此时，可以提高“蒙版”值，用于限定锐化的区域。操作时可按住 Alt 键提高“蒙版”值，这样照片中只有轮廓边缘的线条呈现白色，表示这是锐化的区域，黑色则表示不锐化的区域。之后在下方提高“明亮度”值，消除照片当中的噪点，这样照片画质会变得更理想。调整完毕之后，单击“打开”按钮，将照片载入 Photoshop，准备进行精修。

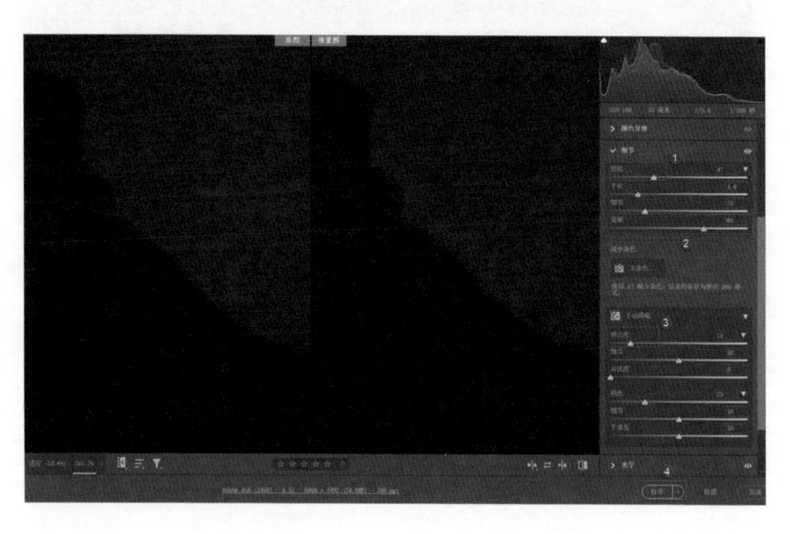

5.8　修瑕疵（1）：查找瑕疵并确定消除方案

因为要进行修瑕疵的处理，所以在 Photoshop 中打开照片之后，要先查找照片中的瑕疵。放大照片，可以发现人物头发外侧有很多乱发，人物皮肤上也有乱发，人物的苹果肌等位置有一些油光，面部还有一些其他比较明显的瑕疵，这些都是需要处理的。按住空格键，同时用鼠标左键按住照片进行拖动，查看其他部位的瑕疵。这样可以发现人物的腿部有很多暗斑及比较细碎的汗毛，这些都是需要处理的。

5.9　修瑕疵（2）：修掉一般类型的瑕疵

在修瑕疵之前，首先按Ctrl+J组合键复制一个图层，将下方的“背景”图层作为备份，而上方的图层则是用来修瑕疵的图层。

接下来结合前面讲的各种不同的修瑕疵工具，修掉人物面部一些比较明显的瑕疵。比如，苹果肌下方比较明显的法令纹，可以使用“修补工具”进行修复。建立选区，然后将建立的选区向旁边拖动，到合适的位置后松开鼠标，再按Ctrl+D组合键取消选区，这样可以将法令纹修掉。

5.10　修瑕疵（3）：修掉油光

修掉一些比较明显的瑕疵之后，接下来继续按 Ctrl+J 组合键再次复制一个图层，在这个图层上修掉人物面部的油光。为了避免引起混淆，双击图层标题，修改图层名称，将最上方的图层命名为“去油光”，将之前复制的图层命名为“修瑕疵”，这样图层显示就比较清晰了。之后在工具栏中选择“仿制图章工具”，适当降低“不透明度”和“流量”值，缩小画笔直径，然后按住 Alt 键，在人物面部油光位置单击取样，然后松开鼠标，再在油光位置多次单击，可以柔化人物面部的油光，这样可以起到去油光的作用。

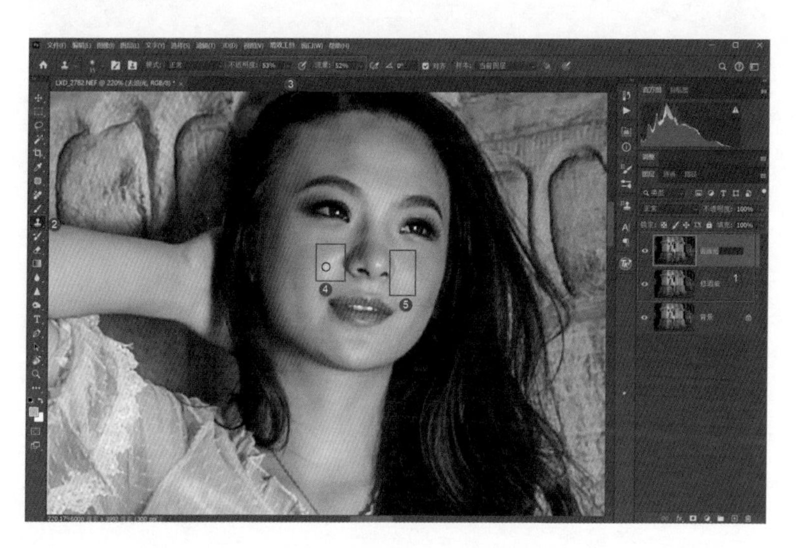

5.11　修瑕疵（4）：柔化过于粗糙的大片区域

放大照片，按住鼠标左键拖动照片，观察人物腿部，发现有很多比较细碎的汗毛。下面继续使用“仿制图章工具”在这些位置进行取样和柔化处理，经过处理修掉这些比较细碎的汗毛，让人物腿部变得干净。

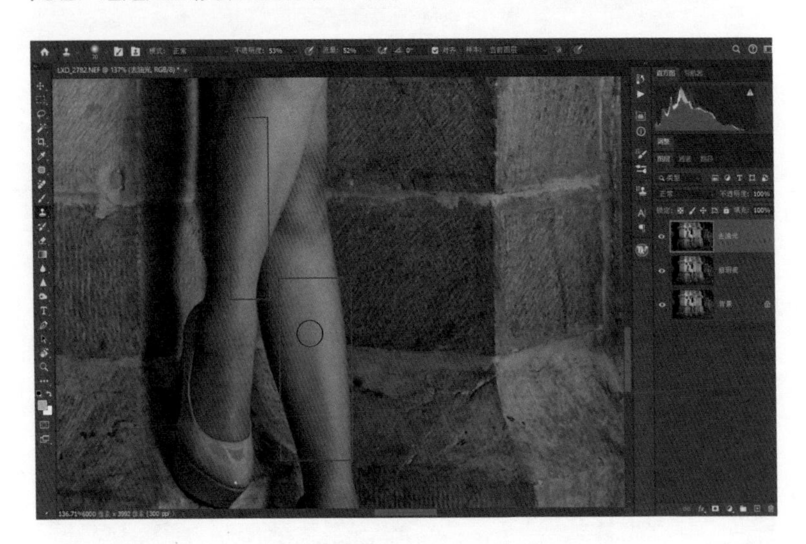

5.12　修瑕疵（5）：去掉衣物上细碎的褶皱

对于人物衣服部分，前面已经讲过，新穿的衣服有可能褶皱比较多，因此也需要对褶皱进行一定的处理。首先选择“修补工具”，勾出人物衣服上比较碎的褶皱，之后选择“仿制图章工具”，在有比较细碎褶皱的位置进行取样和柔化，这样可以消除干扰视线的一些褶皱。

5.13　磨皮的本质

将人物皮肤及衣服部分的瑕疵修掉之后，接下来就可以进入人像磨皮环节。在正式操作之前，先要了解人像磨皮的本质。这有助于后续的学习。所谓磨皮，实际上是指通过特定的手段压暗人物皮肤过亮的位置，提亮过暗的位置，让过亮和过暗区域的亮度变得均匀，这样人物皮肤就会变得光滑。假设有一个疙瘩，把疙瘩的受光面压暗，把疙瘩的背光面提亮，那么这个疙瘩就会被修掉。对于人物皮肤上一些凹凸不平的位置同样如此，只要进行了亮度及色彩的匀化，那么人物皮肤会变得光滑、干净，人物的表现力会更好，画面整体效果也会好很多。

通过下面的例图可以看到，经过磨皮处理后，原图与效果图的差别是非常大的。

5.14　双曲线磨皮（1）：创建提亮曲线

在人像摄影后期处理中，磨皮主要有 3 种方式，分别是双曲线磨皮、中性灰磨皮和高低频磨皮。在比较专业的人像摄影后期处理中，双曲线磨皮和中性灰磨皮是比较常用的。首先介绍双曲线磨皮。

根据磨皮的原理，要提亮人物皮肤上比较暗的区域，压暗比较亮的区域，涉及两条曲线的应用，一条曲线用于提亮暗部，另一条曲线用于压暗亮部。单击“图层”面板右下角的“创建新的填充或调整图层”按钮，在展开的菜单中选择“曲线”命令，这样可以创建曲线调整图层（在“调整”面板中直接单击曲线图标，也可以创建曲线调整图层），并打开“曲线”的“属性”面板。

在“曲线”的“属性”面板中，向上拖动曲线，对画面整体进行提亮。

5.15　双曲线磨皮（2）：提亮面部阴影

由于要提亮的只是人物皮肤表面比较暗的区域，但现在整体提亮了，因此单击“蒙版”图标，按 Ctrl+I 组合键，对蒙版进行反向，变为黑色蒙版之后，可以看到提亮效果被完全隐藏了。此时在工具栏中选择“画笔工具”，将“前景色”设为白色，然后降低“不透明度”和“流量”值（一般来说，“不透明度”要设定为 8% ～ 15%，“流量”要设定为 20% 左右），这是一个相对比较固定的参数，比较适用于磨皮。

随时缩小和放大画笔直径，在人物面部比较暗的一些区域轻轻涂抹，多次涂抹就可以提亮人物皮肤上一些比较暗沉的区域，类似于暗斑、皱纹等都可以被很好地修掉。

提亮面部阴影之后，可以切换到对比视图，查看提亮面部阴影前后效果对比。通过对比可以看出，左侧人物面部皮肤不够光滑，不够平整，而右侧经过提亮，人物的皮肤变好了很多。

5.16　双曲线磨皮（3）：创建压暗曲线

接下来压暗人物皮肤上比较亮的位置。按照之前所讲的方法创建压暗曲线调整图层。为了避免混淆，将前面创建的提亮曲线和现在创建的压暗曲线图层分别命名为“提亮”和“压暗”。

在打开的“曲线”的“属性”面板中向下拖动曲线可以压暗全图。

5.17　双曲线磨皮（4）：压暗面部高光

因为要压暗的只是人物皮肤上比较亮的区域，所以单击“压暗”曲线调整图层的蒙版，按 Ctrl+I 组合键，将白色蒙版变为黑色蒙版，将调整效果隐藏起来。使用白色画笔在人物皮肤上比较亮的区域涂抹，就可以还原出压暗效果，从而起到磨皮的作用。

注意，在磨皮过程中，如果发现一些区域过暗，还可以随时切换到提亮蒙版进行擦拭。

最终，通过这样的提亮和压暗处理，人物皮肤的明暗变得均衡，人物的皮肤也变得更平整、更光滑。

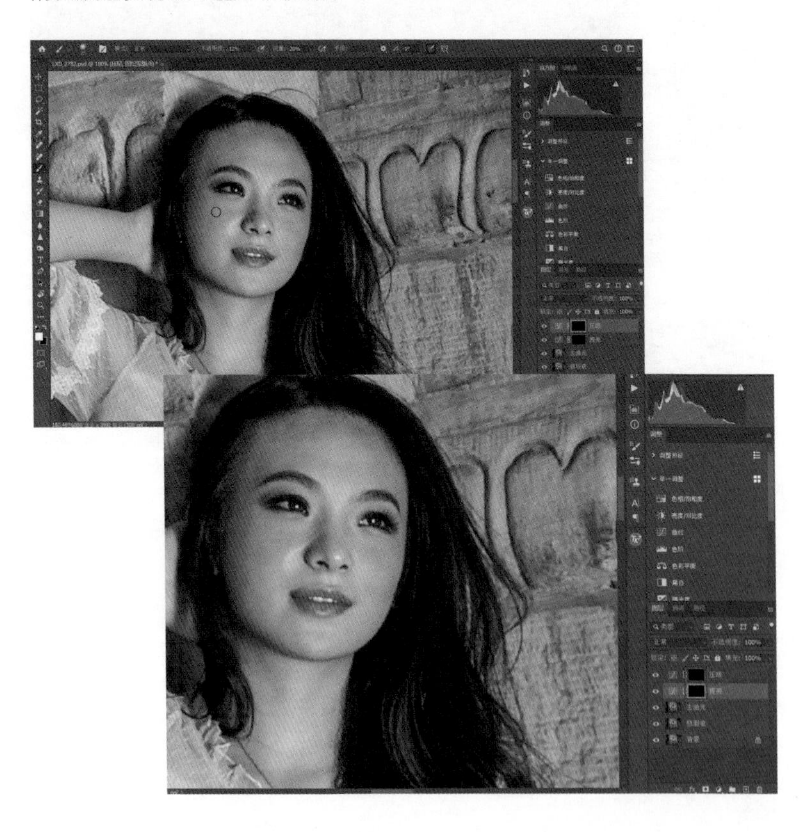

5.18　观察层（1）：黑白调整图层

借助提亮和压暗曲线，可以实现初步的磨皮。此时照片是彩色状态，但色彩会干扰观察，因此可以建立两个观察图层，将照片转为黑白效果，并强化明暗反差，这样可以排除色彩的干扰，更方便观察人物皮肤的明暗状态，从而进行更精细的磨皮。后续磨皮处理完成之后，再将观察层删掉。

首先在所有图层的上方创建一个黑白调整图层。创建黑白调整图层时，为了确保这个图层在最上方，在“图层”面板中选择“压暗”曲线调整图层，然后创建黑白调整图层，此时照片变成了黑白状态。

5.19　观察层（2）：曲线调整图层

创建曲线调整图层，向下拖动曲线，可以强化画面的反差。仔细观察画面，可以发现没有色彩的干扰以后，人物面部皮肤的明暗状态非常直观。

5.20　创建图层组，便于管理图层

为了避免混淆，下面为不同的图层分组。首先按 Ctrl 键，分别单击“压暗”和“提亮”这两个曲线调整图层，然后按 Ctrl+G 组合键创建图层组，并将图层组的名称改为“双曲线磨皮”。之后用同样的方法把黑白调整图层和曲线调整图层移至“观察层”图层组。后续使用时双击图层组名称可展开图层组，再选择不同的蒙版进行调整就可以了。

5.21　再次对人物皮肤进行磨皮

展开“双曲线磨皮”图层组，分别选择“压暗”和“提亮”曲线调整图层的蒙版，对相应的位置进行压暗和提亮。没有了色彩的干扰，磨皮会更精准、更精细。经过磨皮之后，人物的皮肤会更光滑。要观察磨皮的效果，可以隐藏“观察层”图层组。此时可以看到人物的面部皮肤变得非常光滑、平整，效果非常不错。

5.22　结构调整的意义

对人物皮肤部分的调整，磨皮是一个环节，磨皮完成之后，还需要对皮肤的结构进行调整。所谓结构调整，主要是调整光影结构，这种光影结构的调整要根据光线照射方向，以及人物面部的五官特征来进行。比如下面这张照片，光线是从右侧照射的，那么左侧就应该是背光的，因此要适当压暗。

另外，当前人物显得稍胖，如果把左侧的腮部压暗，人物也会变瘦。对于人物的五官，有些区域也要进行提亮和压暗，从而强化出更立体、更精致的轮廓结构。

5.23　结构调整（1）：创建提亮和压暗曲线

结构调整的技术手段与双曲线磨皮是非常相似的，只是在调整时大多使用直径更大一些的画笔。

根据前面讲的知识，创建一条提亮曲线和一条压暗曲线，并创建“光影结构”图层组。将图层组中的“提亮”和“压暗”曲线调整图层分别命名为“结构提亮”和“结构压暗”，然后按照磨皮的方法，放大画笔直径，在人物面部进行调整。

5.24　结构调整（2）：根据自然规律调整结构

根据自然规律（即光线照射方向）对左下图中人物左侧腮部进行加深处理，从而使人物形象显得更为消瘦且轮廓分明。同时，对人物的鼻根等部位进行了细致的调整，以使鼻子显得更为纤细、精致和挺拔。经过这些调整，人物面部的五官更加立体，光影效果也更为出色，整个面部显得更加清秀。

5.25　在Photoshop中对比修图前后的效果

在对人物图像进行磨皮处理和结构调整之后，可以通过按住 Alt 键，单击“背景”图层前的可见性图标，隐藏所有上层图层，从而观察原始图像。随后，再次按住 Alt 键，单击“背景”图层前的可见性图标，即可恢复显示上层图层。通过这种方式，可以观察修图前后效果对比，可以发现经过磨皮和结构调整后的图像，在表现力上有了显著提升。

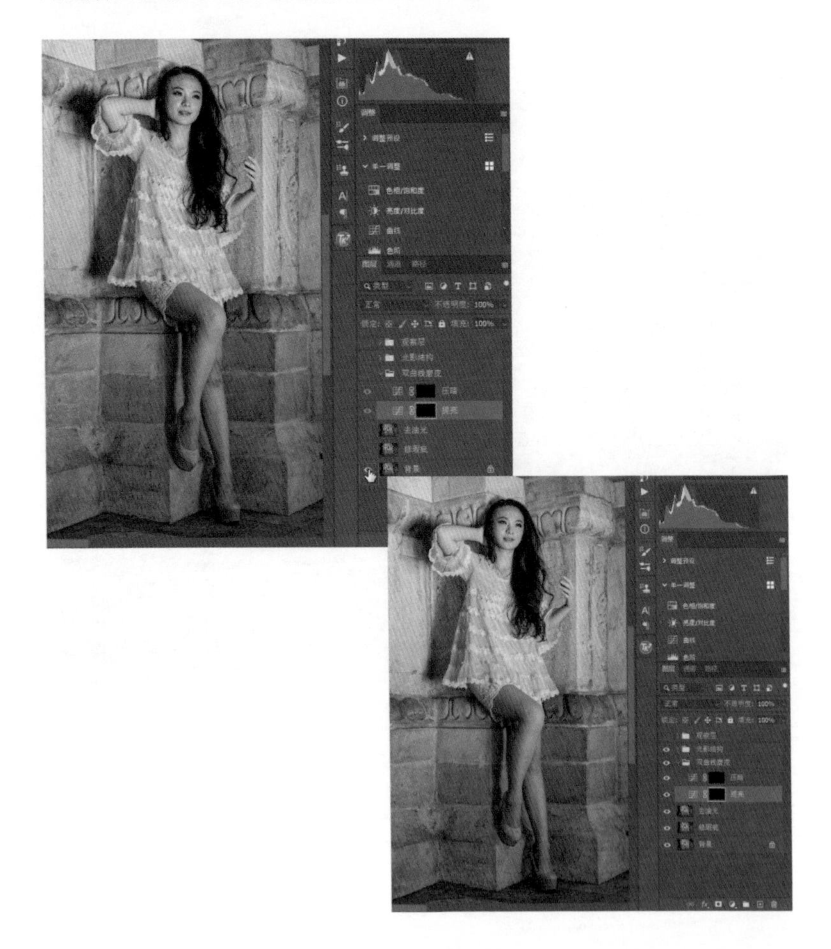

5.26　将照片保存为PSD格式

在完成照片中人物的瑕疵修复、皮肤磨皮及结构调整后，若暂时不进行后续调色等处理，可直接单击“文件”菜单，选择“存储为”命令，将照片保存为 PSD 格式。这样再次打开 PSD 格式文件后，之前的所有编辑步骤和图层信息将得以完整保留，便于用户继续在已调整的基础上进行色彩调整等后续处理。

未完成所有后期处理的照片应尽可能保存为 PSD 格式。

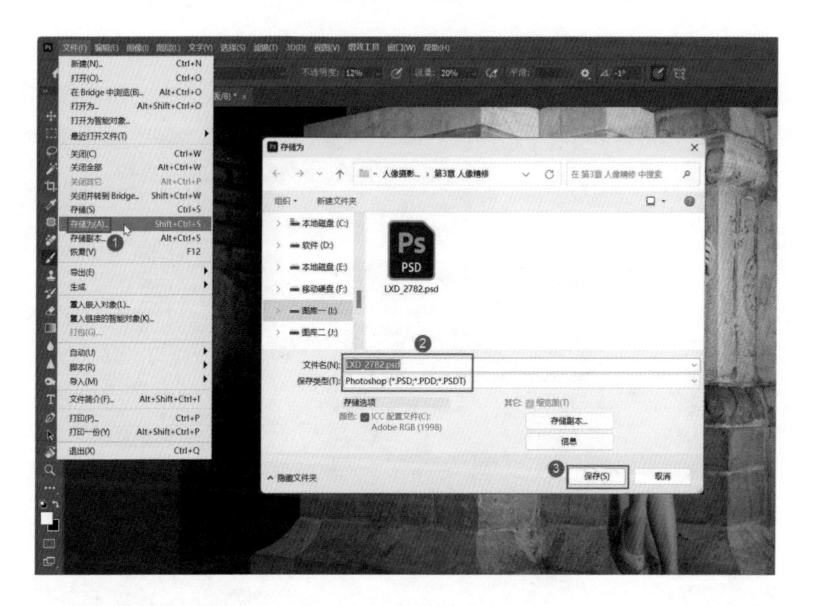

5.27　中性灰磨皮（1）：创建中性灰磨皮图层

下面介绍中性灰磨皮的方法。只要掌握了磨皮的原理，就很容易理解中性灰磨皮的原理和操作。中性灰磨皮其实非常简单，在磨皮之前，首先创建一个修瑕疵的图层，对人物面部一些比较明显的痘痘、暗斑等进行修复。之后，打开“图层”菜单，选择“新建”→“图层”命令，打开“新建图层”对话框，在其中将“模式”设置为“柔光”，勾选下方的“填充柔光中性色”复选框，然后单击“确定”按钮，这样可以在“背景”图层上方创建一个中性灰图层。

5.28　中性灰磨皮（2）：设置前景色与背景色

在创建中性灰图层之后，即可着手进行中性灰磨皮操作。中性灰磨皮过程相对简单，主要是在中性灰图层上使用黑白画笔进行涂抹。使用黑色画笔涂抹，意味着降低特定区域的亮度；而使用白色画笔涂抹，则意味着提高该区域的亮度。提亮与压暗的过程，实际就是磨皮操作。

在创建了中性灰图层后，接着选择“画笔工具”，并将“前景色”与“背景色”分别设置为白色和黑色。当将“前景色”设置为白色时，需要将鼠标指针移至调色板的左上角单击；当将“背景色”设置为黑色时，则移动至左下角单击。完成设置后，单击“确定”按钮。

在下方的操作示意图中，需要特别注意第 6 个步骤。“吸管工具”并不是用户主动选择的，而是在设置“前景色”和“背景色”时，工具栏中自动出现的。一旦单击“确定”按钮返回，系统将自动切换回“画笔工具”。

5.29　中性灰磨皮（3）：磨皮操作

打开下图所示的照片，经过细致观察，可以发现人物面部存在明暗不均的问题，导致皮肤质感显得较为粗糙。接下来创建中性灰磨皮图层。之后选择“画笔工具”，然后在英文输入法状态下，通过按 X 键轻松交换前景色与背景色，进而对人物面部进行局部提亮与压暗，以达到磨皮的视觉效果。

5.30　用透明图层磨皮

注意，在进行中性灰磨皮时使用的是中性灰图层。实际上，如果不使用中性灰图层，可以直接在“图层”面板中创建空白图层，在空白图层上涂抹也可以起到中性灰磨皮的效果。至于是选择使用中性灰图层还是使用透明图层来进行中性灰磨皮，主要看个人的习惯和喜好，它们的作用是没有任何区别的。

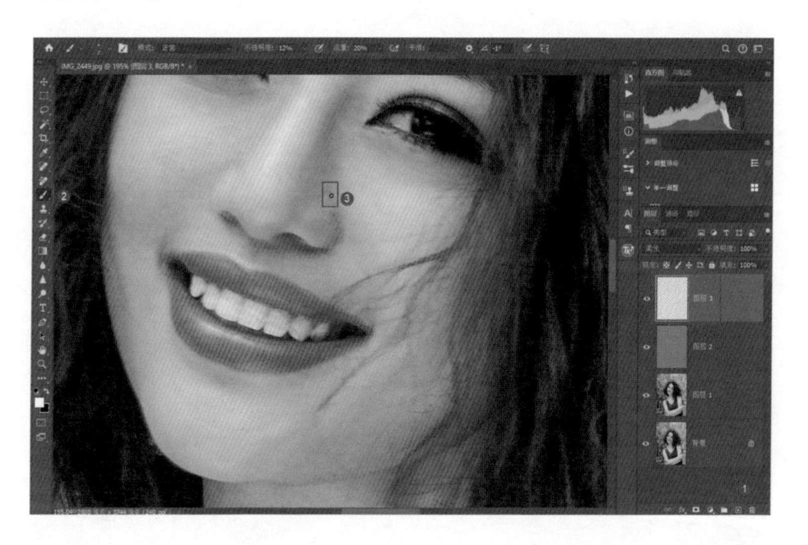

5.31　高低频磨皮（1）：创建磨皮图层

一般来说，对人物的瑕疵、纹理进行磨皮处理之后，还可以进行高低频磨皮。用高低频磨皮掩盖一些比较小的、轻微的瑕疵，可以让人物的皮肤整体显得更加干净。

本案例介绍如何使用高低频来磨皮。这种磨皮的效率是比较高的，可以快速对人物的整个皮肤进行操作。高低频磨皮的效果不太细腻和精确，但经过高低频磨皮之后，会让整体看起来不是特别协调的皮肤部分变得更协调。

下面来看具体操作。按两次 Ctrl+J 组合键，复制出两个图层，然后按 Ctrl+I 组合键对复制的第 2 个图层进行反向。当然，也可以在“图像”菜单中选择“调整”→“反向”命令，对这个图层进行反向。反向之后，将图层的“混合模式”改为线性光。

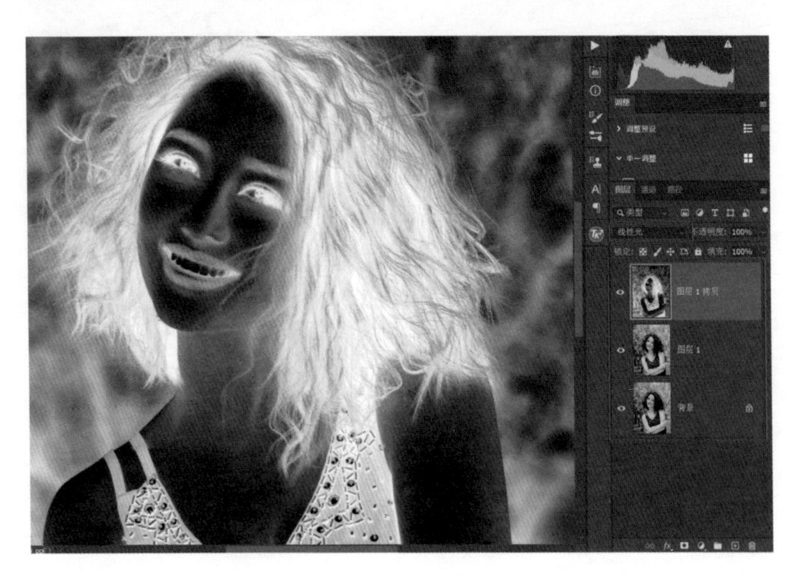

5.32　高低频磨皮（2）：高反差处理

打开“滤镜”菜单，选择“其它”→“高反差保留”命令，打开“高反差保留”对话框，在其中提高“半径”值。注意，在提高“半径”值时，一般是 3 的倍数，可以是 3、6、9、12、15、18 等。在确定具体的值时，要注意观察照片中人物的变化，当人物的周边轮廓出现明显的黑边时，就是比较合适的半径值。

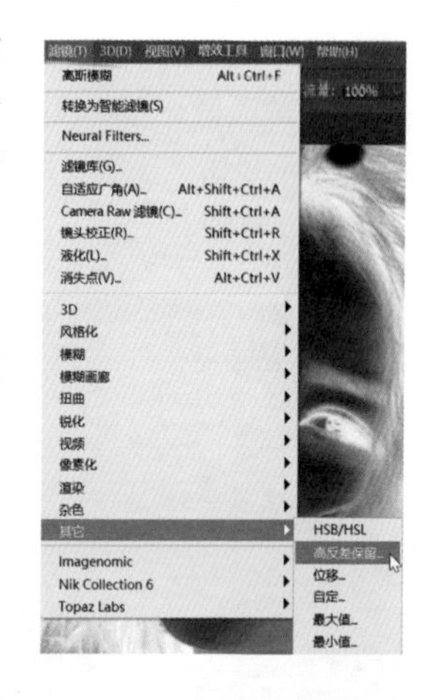

此时观察画面，可以看到人物的皮肤表面变得更加柔和光滑，但依然保留了一定的纹理，而人物周边的轮廓出现了明显的黑边，然后单击“确定”按钮。

5.33　高低频磨皮（3）：高斯模糊处理

打开“滤镜”菜单，选择“模糊”→“高斯模糊”命令，打开“高斯模糊”对话框。高斯模糊的半径与之前设置的高反差保留的半径一致即可，然后单击“确定”按钮。这样就完成了初步的高斯模糊，也就是初步的高低频磨皮。

5.34　高低频磨皮（4）：进行磨皮操作

此时，虽然人物皮肤光滑的部分整体性更好、更协调，皮肤显得更干净，但是人物周边的轮廓出现了一些光晕，不够自然，因此可以为高低频磨皮图层创建一个黑色蒙版。

具体操作：按住 Alt 键并单击“图层”面板底部的“创建图层蒙版”按钮，可以为这个图层创建一个黑色蒙版。然后在工具栏中选择“画笔工具”，将“前景色”设为白色，将“画笔工具”的“不透明度”设置为 100%。再在照片中需要呈现光滑效果的大片皮肤区域进行涂抹，还原出这些区域的高低频磨皮效果，而对于眉毛、睫毛、眼睛、嘴唇等部位，则不能进行磨皮，这些区域需要呈现出非常清晰的轮廓，因此不能在这些位置涂抹。

经过涂抹，可以看到人物皮肤呈现出非常光滑的效果，但是需要清晰呈现轮廓和细节的眉毛、睫毛等区域依然非常清晰。这样，这张照片的磨皮处理就完成了。

5.35　使用专业的AI软件磨皮

随着 AI 技术的不断发展，当前一些厂商推出了性能非常强大的 AI 磨皮和人像精修软件，比如国产软件“像素蛋糕”。这款软件具备人像磨皮、人像结构调整及其他众多非常强大的功能。当然，软件是收费的，用户可以根据自己的实际需求来选择是否使用。

下面展示了原始照片（上图）与使用“像素蛋糕”软件进行人像磨皮及其他精修处理（下图）的效果对比。

5.36　割补法修乱发（1）：选择遮挡区域

观察这张照片，由于拍摄时人物的妆容和仪表的细节处理不够周到，致使人物左侧出现了一些散乱的发丝，且数量较多。使用常规的瑕疵修复工具难以将其彻底清除。因此，可以采取割补法对其进行修复。首先，在工具栏中选择“套索工具”，围绕人物头部外围勾勒出一个较大的区域。这个区域不仅包括散乱的发丝，也涵盖未受影响的背景部分。

5.37　割补法修乱发（2）：提取遮挡区域

接下来按 Ctrl+J 组合键，即可将之前建立的选区提取出来。此时，在工具栏中选择“移动工具”，将选区向内进行收缩拖动。在拖动过程中，必须确保没有乱发的部位能够遮挡乱发部分，同时也要注意拖动的幅度不宜过大，以免导致遮挡部分与周边区域融合度不足，衔接不自然。按住 Alt 键，再单击“创建图层蒙版”按钮，即可为上方的遮挡图层创建一个黑色蒙版。

5.38　割补法修乱发（3）：遮挡乱发

黑色蒙版会遮挡其所在图层的像素，从而隐藏用于遮挡乱发的背景区域。接下来在工具栏中选取“画笔工具”，将“前景色”设置为白色，并将“画笔工具”的“不透明度”及“流量”调整至最大值，缩小“画笔工具”的直径，在人物头发杂乱的区域进行细致的涂抹。通过这种方式，可以恢复被遮蔽的没有乱发的背景区域，从而遮盖掉人物杂乱的发丝。采用此方法对大量杂乱发丝进行修复和遮蔽，效果非常好。

需要注意的是，此方法主要适用于去除人物周围部分的杂乱发丝，对于人物皮肤上的发丝，此方法不适合。

第6章

人像精修技法：人像调色实战

在对人像进行瑕疵修复、皮肤磨皮及结构调整之后，接下来进行人像色彩的调整。人像色彩调整涉及多个方面，首先确保人物肤色的一致性，其次完成整体画面色彩的调和与统一。本章将分别对这些方面进行详细讲解。

6.1　了解人物肤色问题（1）：模特或拍摄原因

通常情况下，各类人像摄影作品均需经过色彩调整。在多数情况下，人物肤色问题源于前期拍摄，可能是现场环境光线具有强烈的色彩偏差，这就需要在后期进行修正。另一种情况是人物自身肤色存在缺陷。

在下面的第一张照片中，拍摄现场光线偏黄，导致人物肤色显得偏黄，因此需要进行适当的调整。至于第二张照片，人物的鼻子和额头等部位出现了色彩深浅不一的问题，同样需要进行相应的修正。

6.2　了解人物肤色问题（2）：磨皮原因

人物肤色有问题，还有一种情况是由后期处理引起的。在进行磨皮处理时，对某些区域进行提亮或压暗，均会导致这些区域的色彩饱和度发生变化。这将使得它们与周围区域的色彩产生显著差异，进而导致人物肤色出现不均匀的问题。这些问题都需要通过调整来解决。对于下面这张照片，之前对其进行了磨皮处理。被提亮区域的肤色会变得较浅，而被压暗区域的肤色则会变得更深，从而造成肤色不一致的问题。

6.3　大片丢色区域的补色

以下面这张照片为例，从人物的具体肤色来看，大片区域丢色主要存在两种情况。其一，特定区域的色彩饱和度过低，导致该区域呈现黑白效果，此现象称为丢色。其二，区域色彩出现偏差，此为偏色。下面讲解如何处理大面积丢色的问题，主要方法是补色。观察照片，可以发现人物额头区域大面积色彩丢失。针对此问题，最佳的处理方式是创建曲线调整图层，通过向上调整红色曲线，向下调整绿色曲线，可以产生橙色的效果。若亮度过高，可适当向下调整 RGB 曲线，以获得更为自然的橙色肤色。但是，这种调整是针对整个图像的，因此需要使用 Ctrl+I 组合键对蒙版进行反向操作，以隐藏补色效果。接着在工具栏中选择“画笔工具”，将“前景色”设置为白色，在色彩丢失的位置进行涂抹，以恢复调整的肤色。如此，便完成了大面积色彩丢失区域的补色工作。经过补色处理，人物额头部分的肤色整体变得更加均匀。

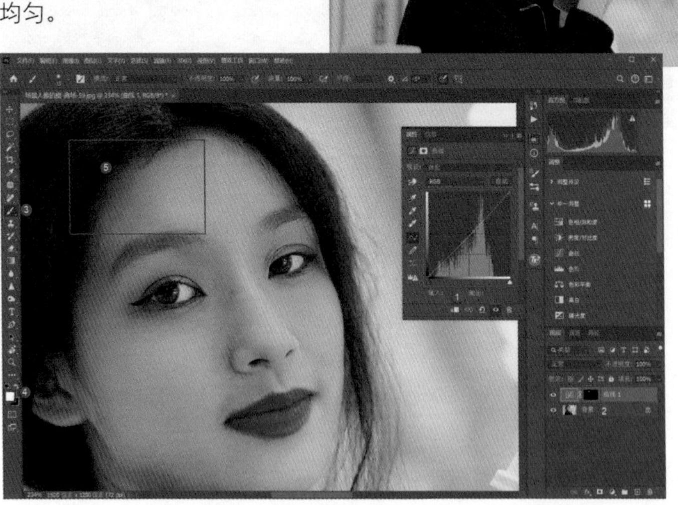

6.4　小片丢色区域的补色

如果人物皮肤上有非常小的区域出现了丢色问题，那么可以使用另外一种方法来进行补色。比如，放大照片之后，人物鼻根位置有小片区域丢色。这时可以在“图层”面板右下角单击“创建空白图层”按钮，创建一个空白图层，然后在工具栏中选择“吸管工具”，将鼠标指针移动到丢色位置周边肤色正常的位置，单击取色。这样，所取色彩就会被添加到“前景色”当中。选择“画笔工具”，将“不透明度”和“流量”值提到最高，缩小画笔直径，在丢色位置进行涂抹，这样丢色位置就被涂抹上了周边皮肤的颜色，然后将图层的“混合模式”改为“颜色”。

这样就完成了对小片区域的补色。如果效果不够自然，还可以稍稍降低图层的不透明度，让补色的效果更理想。

6.5 过饱和位置的检查

除了饱和度过低的丢色区域，人物皮肤上还有一些饱和度过高的区域。饱和度过高的区域不太好分辨，不过可以使用特定的手段来进行检查，下面来看具体操作。

打开示例照片，然后创建一个可选颜色调整图层。在“可选颜色”的“属性”面板中，选中下方的“绝对”单选按钮，然后在上方的“颜色”下拉列表中，分别选择红色、黄色、绿色、青色、蓝色、洋红等选项，将“黑色”值降到最低。

再分别选择白色、中性色和黑色选项，将“黑色”值提到最高。此时，照片会变为黑白状态，而黑白画面中的白色区域就是饱和度过高的区域，黑色区域则是饱和度过低的区域。

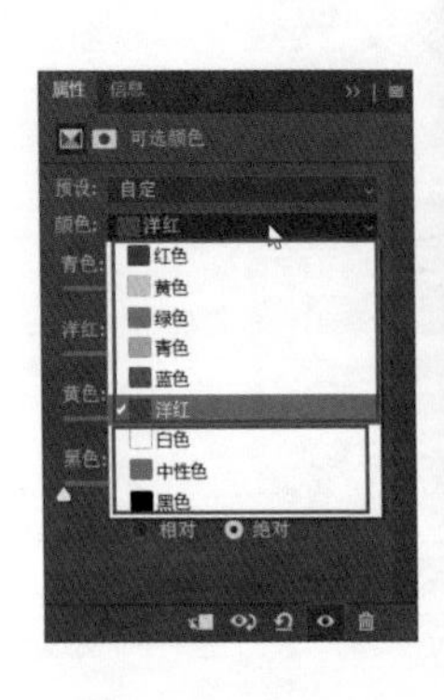

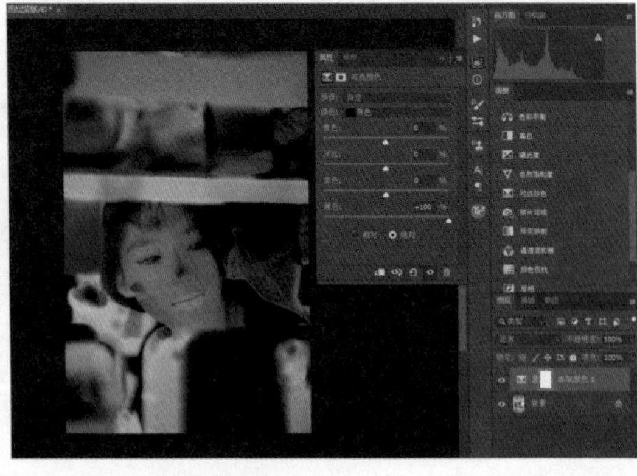

6.6 过饱和位置的修饰

按 Ctrl+Alt+2 组合键，此时画面中的高光区域就会被选择出来并自动建立选区。创建色相 / 饱和度调整图层，该调整图层的蒙版针对的就是饱和度过高的区域。

在“色相 / 饱和度”的“属性”面板中，降低“饱和度”值，再隐藏可选颜色调整图层，就可以看到画面中饱和度过高区域的色彩饱和度被降下来了，画面整体显得更协调。

6.7　通过调整饱和度来统一肤色（1）：调整偏红的皮肤

以下面这张照片为例，人物的皮肤除了饱和度不协调的问题，还有偏色的问题。比如人物皮肤表面有的位置偏黄，有的位置偏红。那么，应该怎么处理？其实很简单，可以让偏黄的皮肤向橙色方向偏移，让偏红的皮肤也向橙色的方向偏移，这样人物的皮肤会更干净。这个过程可以称为统一肤色。

首先创建色相 / 饱和度调整图层，然后在上方的颜色通道下拉列表中选择“红色”选项。稍稍向右拖动“色相”滑块，可以让人物偏红的肤色向橙色的方向偏移。为什么是向右拖动呢？注意观察下方的两个色条，根据下方色调的色彩分布可以知道往右拖动色彩是向橙色方向偏移。

6.8　通过调整饱和度来统一肤色（2）：确保调色只影响皮肤

因为当前的调整针对的是画面中的所有红色，但有些红色并不需要调整，针对这种情况，可以按 Ctrl+I 组合键对蒙版进行反向，隐藏调色效果。然后使用白色画笔在人物面部皮肤上想要统一肤色的位置涂抹，还原这些区域的色彩，这样调色就比较精准了。

6.9　通过调整饱和度来统一肤色（3）：调整偏黄的皮肤

皮肤除了色彩偏红的区域，还有一些区域色彩偏黄，这时可以在上方的色彩通道下拉列表中选择“黄色”选项，然后将“色相”滑块稍稍向左拖动，让偏黄的皮肤向橙色偏移。

之所以向左拖动，也是根据下方的色条来判断的——色条左侧对应的是橙色、红色等色彩。之后按 Ctrl+I 组合键，用黑色蒙版遮挡调色效果，再用白色画笔还原想要调色的位置，这样就实现了对肤色的统一。

6.10　认识画面主色调

关于摄影的色彩美学，大家首先应该知道的一条美学规律是“色不过三”。从字面意思来说，即一张照片不宜超过 3 种色相。但实际上，很多照片画面中有非常多的色相，远不止 3 种，那么是否与“色不过三”的美学规律相悖呢？其实并非如此，这里所谓的“色不过三”，是指画面的主要色彩不超过 3 种。

在出现多种色相时，要对画面进行调色，将很多次要的色相融入主色调，与主色调协调，让画面以主色调的方式呈现。之后这些次要的色相可作为辅助色或点缀色的形式出现，并要受到主色调的影响。

比如下面这张照片，虽然场景中有很多色彩，但可以确定将这种橙黄色作为主色调，而将其他色彩进行弱化或融入橙黄色的成分，画面整体就会干净起来。

6.11　光源色作为主色调

对任何照片进行调色，首先要确定主色调。一般来说，可以通过 3 种方式来确定照片的主色调。第一种方式是以光源色作为主色调。也就是说，在一些光源具有明显色彩倾向的场景中拍摄时，以光源色作为主色调，往往会有更好的效果。

比如下面这张照片，场景中是有日落时的光线照射的，且光线属于暖色调，因此可以确定以光源色作为主色调，即便是远处天空的蓝色，也会融入暖色调的成分，其他各种景物也都融入主色调的成分，画面的色调就会统一起来。

6.12　环境色作为主色调

第二种方式是以环境色作为主色调。在光源色的色彩倾向不是特别明显的时候，可以考虑用环境自身的色彩作为主色调，同样会给人自然的感受。

很多环境本身是有色彩倾向的，比如在一栋水泥房子里或正在建设的楼房内拍摄，此时的环境色就应该是水泥的那种深灰色，是一种偏冷的中性色，以这种偏冷的水泥色作为主色调，画面给人的感觉比较好。

下面这张照片的墙体是一些发黄的大理石，且室内的墙纸有些泛黄，可以说整个环境就偏黄色，因此可将这张照片的主色调定为偏灰一些的黄色，最终就得到了比较好的效果。

6.13　以固有色作为主色调

第三种方式是以固有色作为主色调。所谓固有色，是指被摄对象本身所具有的颜色。如果环境中没有明显的带有色彩倾向的光源，且环境色彩又不明显，那就适合以被摄对象自身的色彩作为主色调，即以固有色作为主色调。

在拍摄一些人物肖像时，以固有色为主色调更有利于准确表现出人物的色彩。

6.14　单色系画面

所谓单色系画面，是指整个照片画面只有一种色调，主色调就是这种色调，画面中几乎没有其他色调，画面整体非常干净。因为只有一种色调，要表现更丰富的层次，就只能通过单一色调的饱和度和明亮度的差别来进行强化。如果照片中色调的饱和度或明亮度的差别比较小，那么画面就会有非常大的问题，缺少层次感。

当然，也要注意，即便是单色配色，照片中也要留一些无彩色区域进行点缀。通常情况下，暗部适合作为无彩色区域。这样，画面整体的层次会更好，照片才不会给人饱和度过高的感觉。

所谓的无彩色，是指某一些景物没有明显的色彩，接近于中性灰。

在下面这张照片中，是以偏紫的洋红色作为主色调的，墙上的文字及人物的衣服等是作为无彩色进行点缀的，避免画面的色彩过于喧闹。

6.15　双色系画面

所谓双色系画面，是指画面中的主要色彩有两种，一种作为主色调，面积往往比较大；另外一种作为辅助色，辅助色的面积往往比较小。

在下面这张照片中，青灰色是主色调，占据了非常大的面积，超过 70%；地面及人物皮肤的橙色所占的面积比较小，不超过 30%，作为辅助色。

6.16　三色系画面

三色系画面是指照片中的主要色彩有 3 种，面积最大的为主色调；面积排第二的为辅助色；面积非常小的色彩为点缀色。在三色系画面中，主色调占据 70% 及以上；辅助色占 20% 左右的面积；而点缀色的面积不宜超过 10%。

在下面这张照片中，偏黄的色彩是主色调；植物的绿色则是辅助色；线条的红色是点缀色。

6.17 多色系画面

再来看多色系画面的色彩控制。所谓多色系画面，是指照片中有三种以上色彩进行搭配。

如果照片中有多种色彩，首先要遵循的规律是一定要确定一种主色，其他色彩要加入主色的成分，这样画面整体才会协调，才会符合“色不过三”的审美规律。

主色调、辅助色与点缀色的比例也比较重要。一般来说，主色调的成分或面积比例要超过70%，而辅助色则不能超过20%，多种点缀色加起来的面积也不能超过10%。

某些题材对于主色调、辅助色和点缀色的比例要求更为严格。比如在人像摄影中，主色调的比例一般在70%左右，辅助色的比例在25%左右，点缀色的比例在5%左右，符合这种配比的画面的色调给人的感觉更好。

如下面这张照片，作为点缀色的蓝色和青色等色彩，比例是非常小的，不超过5%。

6.18　统一画面色调（1）：确定主色调

在ACR中对照片进行基础调整之后，就可以确定主色调的过程。对于下面这张照片，前面已经对其基本影调进行了初步优化。切换到“颜色”面板，在其中通过调整“色温”与“色调”值就可以确定画面的主色调。下面这张照片是以光源色作为主色调的，但是原画面有一些偏红和偏蓝的色彩。人物偏红，背景偏蓝，整体不太协调，因此可以稍稍提高“色温”值，降低“色调”值，最终背景与人物都融入了一定的主色成分，从而确定了以光源色作为主色调的画面。

6.19　统一画面色调（2）：混色器调整

确定照片主色调之后，还要统一画面色调。在统一画面色调时，要注意分析照片中一些不同色彩的分布，对于示例照片，可以看到有些位置的红色还是非常重的，背景中的绿色饱和度也比较高。

切换到“混色器”面板，切换到“色相”选项卡，让“红色”向橙色方向偏移，让“橙色”向黄色方向偏移，这样可以消除人物身上偏红的问题。切换到“明亮度”选项卡，稍稍提高“红色”和“橙色”的明亮度，提亮人物的肤色，降低“绿色”和“浅绿色”等的明亮度，压暗背景。

背景中有些绿色和浅绿色的饱和度比较高，切换到“饱和度”选项卡，降低“红色”“橙色”“黄色”的饱和度，这样可以让人物的皮肤进一步变得淡雅、白皙。经过统一的色调处理，画面会变得更干净、更协调。

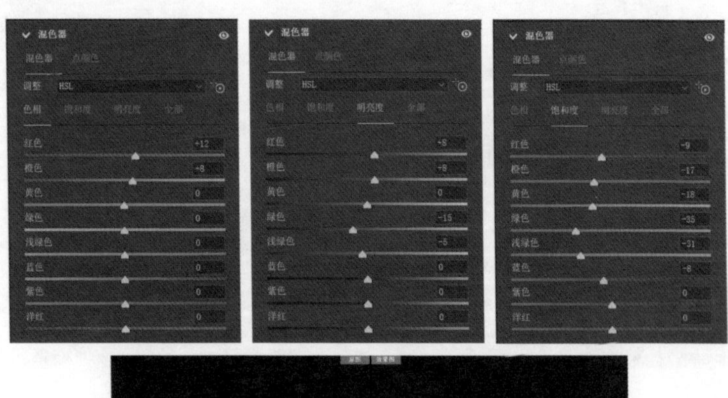

6.20　统一画面色调（3）：创建调整图层

在 Photoshop 中，用户可以借助蒙版来统一色调。比如下面这张单色系的照片，人物脸部左侧有些位置是不纯净的，有些偏蓝。这时可以创建一个色相 / 饱和度调整图层，在颜色通道下拉列表中选择“蓝色”选项，大幅度向右拖动“色相”滑块，让偏蓝的色彩变成主色调的色彩。当前的调整针对的是全图，因此要对蒙版进行反向，再用白色画笔把这片区域擦拭出来，可以看到，调整后画面的色调得到了统一。

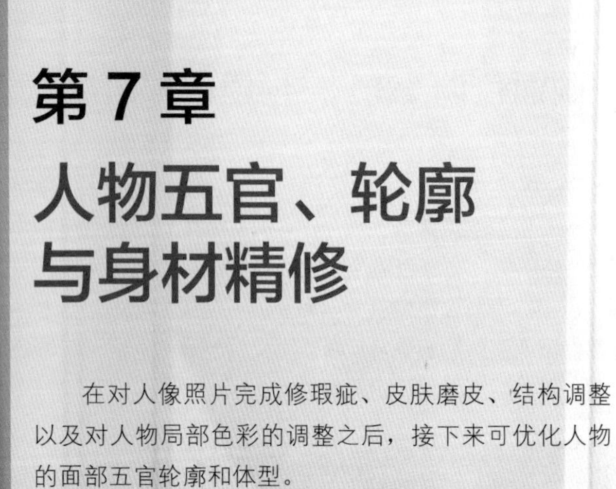

第 7 章 人物五官、轮廓与身材精修

在对人像照片完成修瑕疵、皮肤磨皮、结构调整以及对人物局部色彩的调整之后，接下来可优化人物的面部五官轮廓和体型。

7.1　强化眼神光

眼神光对于增强人物的表现力至关重要。只有眼神光足够明亮，人物才会显得生动，画面的表现力也将因此而得以提升。

当前这张照片中人物的眼神光不够明显，因此人物显得没有神采。首先创建一个曲线调整图层，大幅度向上推动曲线，进行画面的提亮，然后将蒙版转为黑色蒙版，隐藏调整效果。

在工具栏中选择“画笔工具”，将“前景色”设为白色，稍稍降低不透明度，缩小画笔直径，在人物眼睛瞳孔位置涂抹，将眼神光擦拭出来，这样人物会变得比较有神采。

7.2　美白眼白与牙齿（1）：创建调整图层

如果人物的眼白，也就是巩膜部分不够明亮，那么人物眼睛会显得比较浑浊，不够清澈，因此通常情况下，也需要提亮人物的眼白。

首先，创建曲线调整图层，大幅度向上拖动曲线，对画面进行提亮，然后将蒙版进行反向，遮挡调整效果，再用白色画笔在人物眼白位置擦拭，提亮人物眼白，这样人物的眼睛会显得更加清澈。

7.3　美白眼白与牙齿（2）：减淡工具与海绵工具

对于人物眼白部分的调整，实际上还有一种方法。打开照片之后，按 Ctrl+J 组合键复制一个图层，然后在工具栏中打开下图中显示的工具组，选择“海绵工具”。设置“模式”选择为“去色”，大幅度降低“流量”值，缩小画笔直径，在人物眼白位置进行涂抹，这样可以消除眼白部分的一些血色，以及其他偏色。对于牙齿也采用相同的处理。

之后再在左侧的工具栏中选择“减淡工具”，将“范围”设定为“中间调”，将“曝光度”设置为 20% 左右，在人物眼白及牙齿部位涂抹，这样可以提亮人物的眼白及牙齿。

通过这种调整，可以让人物的牙齿显得更干净，眼白显得更明亮，眼睛显得更清澈。

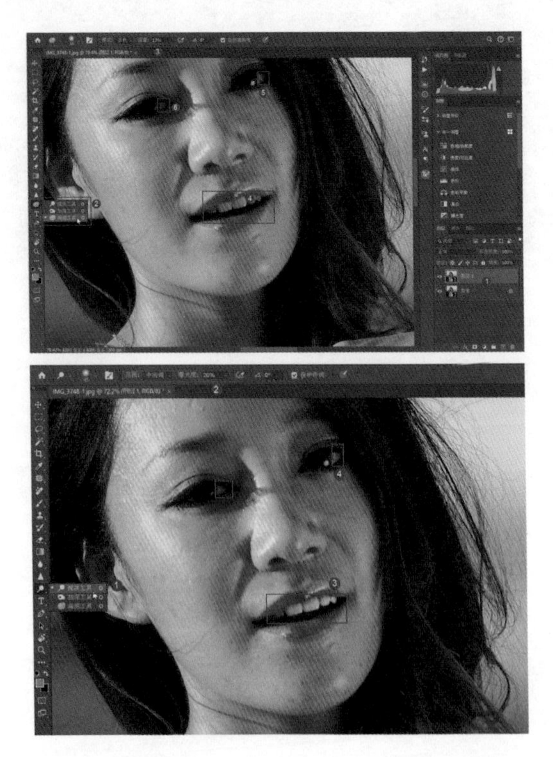

7.4　绘制头发，补缺发

人物头发部分可能有些比较明显的发隙，这些发隙可能会露出白色的头皮，这样会让人物显得不太健康，这时可以使用“画笔工具”对人物的发隙进行修饰，从而让人物显得更健康一些。

首先创建一个空白图层，选择“画笔工具”，在上方缩小画笔直径并关闭“钢笔压力”，然后按 F5 键打开“画笔设置”面板，在其中勾选“形状动态”复选框，将“控制”设定为“渐隐”。接着用“吸管工具”在发隙周边的头发上取色，将“前景色”设为这种颜色，再用“画笔工具”在人物发隙位置进行绘制，对缝隙进行修补，通过这种处理可以遮挡人物的发隙。

如果感觉绘制的头发效果不够自然，可以稍稍降低上方图层的不透明度，这样可以使绘制的头发变得自然一些。

7.5　绘制头发，补缝隙

很多时候，人物除有比较明显的发隙之外，还有一些头发处于阴影当中，无法显示出层次细节。针对这种情况，可以再次创建一个空白图层，展开“画笔设置”面板，取消勾选“形状动态”复选框，然后将“前景色”设为头发的颜色，在人物头发侧面没有头发或者没有显示出头发细节的位置绘制。注意：要按照头发的走向进行绘制，这样可以补足暗面的一些发丝，让细节显得更丰富。

绘制头发之后，可以隐藏“背景”图层，查看绘制效果。通过下图可以看出这种绘制效果还是比较自然的。

7.6　绘制眉毛

有些人像照片中人物的眉毛、睫毛等都显得比较稀疏或不够清晰，这时还需要绘制眉毛及睫毛。

下面介绍绘制眉毛的技巧。再次创建一个空白图层，将其命名为“眉毛”。为了避免与之前的两个图层混淆，将之前的两个图层分别命名为“缺发”和“发隙”。打开“画笔设置”面板，在其中勾选“形状动态”复选框，将“控制”设定为“渐隐”，通过调整“圆度抖动”“最小圆度”等参数，将画笔的笔形设定为下图显示效果，然后在人物的眉毛部位根据眉毛的走势进行绘制。

绘制完眉毛之后，可以降低眉毛这个图层的不透明度，让眉毛显得比较自然。此时眉毛变得更清晰了。

7.7　绘制睫毛

在下面这张照片中，人物的睫毛显得比较稀疏，表现力不够。本案例依然是首先创建空白图层，将其命名为“睫毛”，然后使用绘制眉毛的参数在睫毛位置进行绘制。绘制睫毛时，一定要遵循睫毛的自然走向，这样绘制出来的效果比较自然。绘制完毕之后，降低图层的不透明度，可以看到绘制之后人物的睫毛部分是比较自然的。

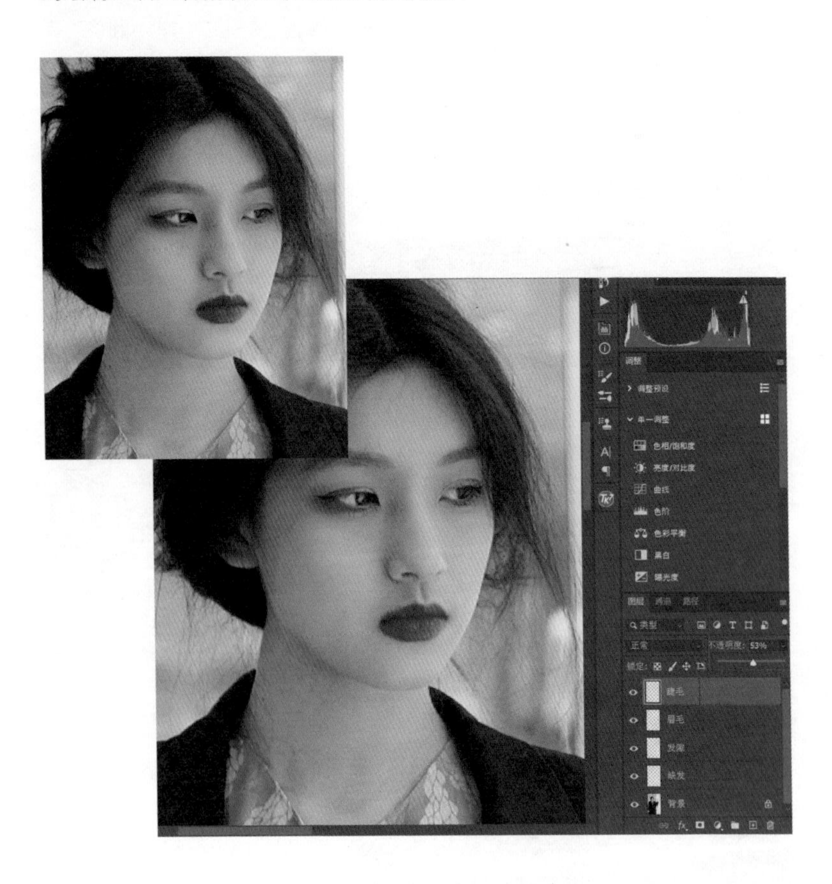

7.8　盖印图层

接下来准备对人物的脸型、五官等进行调整，这需要借助“液化”命令实现。因为需要对像素图层进行调整，但当前像素图层上方有很多绘制图层及调整图层，因此需要盖印图层。按 Ctrl+Alt+Shift+E 组合键即可盖印图层。这个盖印图层相当于将下方所有的图层都折叠起来，变为一个像素图层。这样做的好处是可以保留下之前所有的调整，后续方便修改。

7.9　液化调整五官

打开“滤镜”菜单，选择“液化”命令，进入单独的“液化”对话框，在其中可以通过拖动“大小”“压力”等滑块来改变画笔参数，然后在人物面部进行调整。在调整过程中，要随时改变画笔的大小。下图中已经标出了需要进行调整的位置及方向，可以看到人物耳朵内侧稍稍有些凹陷，所以需要向外拖动。由于凹陷的弧度比较大，因此需要放大画笔直径。人物两个眉毛中间有些宽，可将这个位置向内推动收缩。人物的鼻孔位置显得弧度有些大，导致鼻子显得不够秀气，也需要调整。人物的下巴稍长，要稍稍向内收缩。

在使用液化时，调整的幅度一定不能大，可以多次微小调整，从而让最终的修复效果更自然，这样就完成了人物五官部分的调整。

7.10　使用膨胀工具放大眼睛

如果人物眼睛显得有些小，可以使用“液化”对话框中左侧工具栏中的“膨胀工具”，适当放大画笔直径，覆盖住人物的眼睛单击。这样软件会让覆盖区域变大，从而放大人物的眼睛。

注意，在使用“膨胀工具”时，最好将右侧的“压力”设置为最低，否则容易导致眼睛膨胀失真。

7.11　通过液化调整轮廓线条

使用液化除了可以对五官进行调整，还可以对人物的身材进行调整。对于下面这张照片，观察人物四周的轮廓，可以发现头发有些位置显得不够平滑，人物的肩部、胳膊等位置有一些肌肉扭曲，这些都需要进行一定的优化。

下图中已经标注了要调整的位置及方向。经液化调整后，对比原图及调整之后的效果图，可以看到调整之后人物的线条变得更流畅，人物显得更美。

7.12　让人物身材变修长

如果女性显得比较矮，可以通过“变形”命令让人物显得身材高挑。

具体操作：首先在工具栏中选择“裁剪工具”，清除比例限定，然后用鼠标左键按住下方的裁剪边线向下拖动，扩充出一定的画布范围。

在工具栏中选择“矩形选框工具”，选择人物腰部及以下部分。按 Ctrl+T 组合键对选区内的区域进行变形，按住下方的变化线向下拖动可以拉长选区内的部分，把人物的腿部拉长之后，人物自然会变得更高挑。

人物变高之后，按 Enter 键确定变形，然后按 Ctrl+D 组合键取消选区，就实现了让人物身材变修长的处理。

第 8 章 提升画面表现力的高级技巧

在对人像进行瑕疵修复、皮肤磨皮、结构调整、色彩校正，以及五官和肢体修饰之后，最终可以对照片执行一些减淡的处理，以进一步增强画面的表现力。本章将介绍相关技巧。

8.1　用割补法修饰背景（1）：选择并提取遮挡区域

前面已经讲过，用割补法可以修复人物的乱发。实际上，用割补法还可以改变画面的构图元素，让画面的表现力更强。

打开示例照片，发现人物右侧有一片水泥地，导致画面显得不太干净。这时可以在工具栏中选择“套索工具”，选择人物左侧的一片草坪，然后按 Ctrl+J 组合键提取这片草坪。按 Ctrl+T 组合键对这片草坪进行变形，选择“移动工具”，将这片草坪移动到右侧覆盖住右侧的水泥地面。然后按 Enter 键完成变形。

这样就用这片草坪遮挡了右侧的这片路面。

8.2　用割补法修饰背景（2）：遮挡瑕疵

用草坪遮挡右侧路面之后，边缘有穿帮问题。这时可以按住 Alt 键，单击“创建图层蒙版”按钮，这样可以为上方的遮挡图层添加一个黑色蒙版。把添加的遮挡图层隐藏起来，然后在工具栏中选择“画笔工具”，将“前景色”设置为白色，将“不透明度”和“流量”设置为 100%，在人物右下角进行涂抹，还原出遮挡的草坪，这样就改变了画面的构图，让画面变得更干净，从而提升了照片的表现力。

8.3　强化高光，让人物五官更立体（1）：提亮高光区域

在进行导图时，往往要降低高光，避免高光细节损失；在磨皮时要压暗亮部，提亮暗部。但是，这些操作都容易导致人物的面部皮肤反差不够，变得平淡，不够立体。如果要让照片有更好的表现力，最好对人物面部皮肤高光位置进行提亮，从而让人物面部五官显得更立体。

具体操作：打开照片，按 Ctrl+Alt+2 组合键，这样可以为照片的高光区域建立选区。之后创建曲线调整图层，向上拖动曲线，这样可以对选区内的部分进行提亮。然后按 Ctrl+G 组合键创建一个图层组。

为什么要创建图层组呢？主要是为了后续精准地修饰人物面部的高光，又不会影响背景及其他区域的一些高光。

8.4　强化高光，让人物五官更立体（2）：调整高光区域

为创建的图层组添加一个黑色蒙版，这样就把提亮效果完全遮挡起来了。然后选择“画笔工具”，将“前景色”设置为白色，只在人物面部高光位置进行涂抹，这样就只还原出了人物面部亮部区域的提亮效果，而隐藏了背景等区域的提亮效果，最终实现了提亮面部高光，让人物面部变立体的目的，画面的表现力也会得到提升。

8.5　用插件磨皮，统一皮肤质感

手动为人物磨皮，可能某些位置的磨皮程度比较大，而另外一些区域的磨皮程度又比较小，这就会导致人物面部有些位置非常光滑，有些位置显得粗糙，从而造成皮肤质感不统一的问题。针对这种情况，在手动磨皮之后，建议进行一次自动磨皮，统一一下人物面部的质感。

具体操作：将照片载入 Portraiture 3 磨皮滤镜，设置磨皮程度为 “Normal”，也就是一般程度的磨皮，然后单击“确定”按钮返回。之后为磨皮的图层创建一个黑色蒙版，然后再用白色画笔将人物皮肤擦拭出来就可以了。

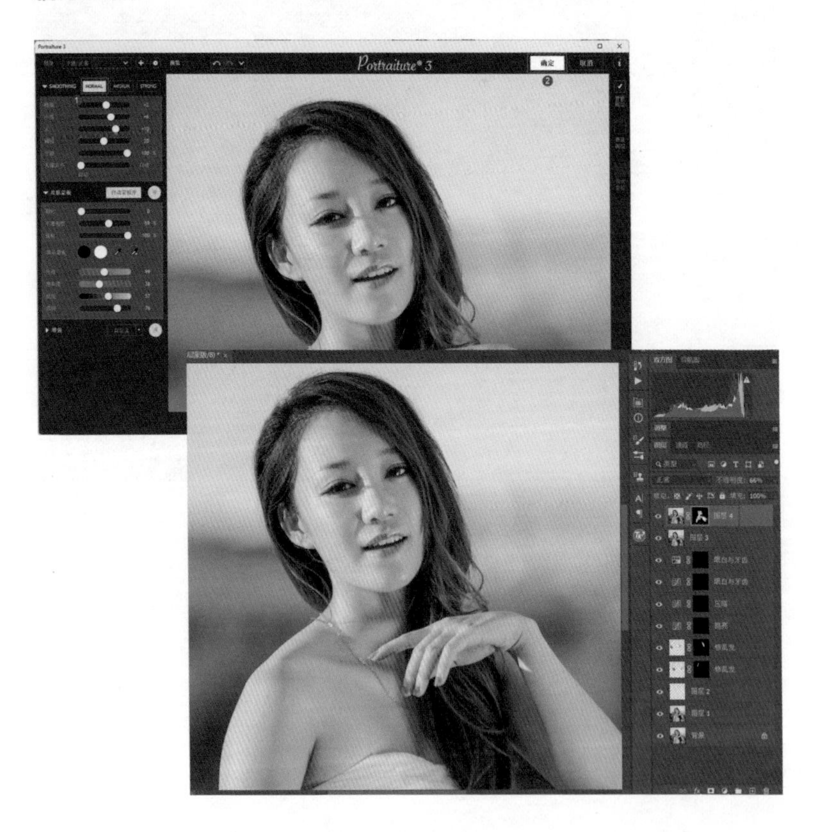

8.6　添加杂色，统一照片质感

现在，已经统一了人物皮肤部分的质感。此时，人物皮肤部分非常光滑，但背景却存在一些杂色或噪点，为了统一整个画面的质感，还可以为画面适当添加杂色。

首先，再次盖印图层，然后打开“滤镜”菜单，选择“杂色”→“添加杂色”命令。在打开的“添加杂色”对话框中勾选“单色”复选框，然后将“数定”值设置为 1，这样可以为画面中的所有区域添加一定的杂色，从而统一人物皮肤部分与背景的质感，画面的表现力也会得到提升。

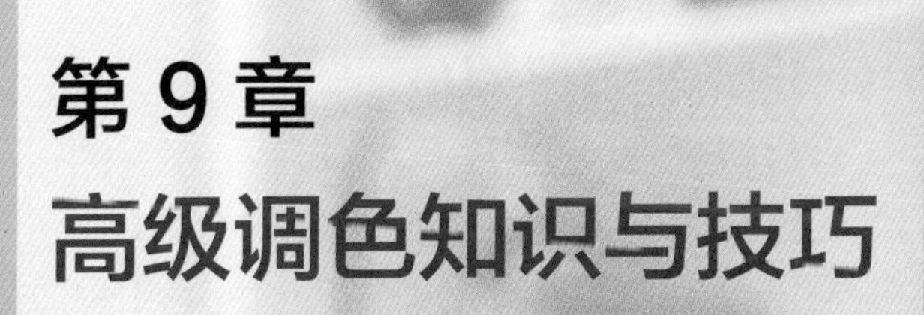

第 9 章 高级调色知识与技巧

本章将介绍比较有难度的、高级的调色原理与实战技巧。如果大家想要真正进入人像摄影创作，甚至是商业人像创作领域，那么必须掌握 Photoshop 中专业的调色功能。

9.1　七色光与三原色

自然界中的可见光可以通过三棱镜直接分解成红、橙、黄、绿、青、蓝、紫这 7 种光。如果对已经被分解出的 7 种光再次逐一分解，可以发现红、绿和蓝色光线无法被分解；而其他 4 种光线橙、黄、青、紫可以被再次分解，最终也分解为了红、绿和蓝这 3 种光。换句话说，虽然太阳光线是由 7 色光组成的，但本质的形态却只有红、绿和蓝 3 种光，所有色彩都是由红、绿和蓝混合叠加得到的。

也就是说，自然界中只有红、绿、蓝 3 种原始的光线，其他色彩的光线可以使用红、绿、蓝 3 种光线混合产生。因此，红、绿、蓝 3 种颜色也被称为三原色。

在自然界中，人们看到的色彩，除七色光谱所呈现的颜色外，常见的还有其他色相的颜色，也都是由三原色进行混合叠加而产生的。

从三原色图中可以非常直观地看出色彩叠加的规律。

红 + 绿 = 黄

绿 + 蓝 = 青

红 + 蓝 = 洋红（品红）

红 + 绿 + 蓝 = 白

此外，还有一些归纳出来的知识：由红色 + 绿色 = 黄色、红色 + 绿色 + 蓝色 = 白色，可以得出黄色 + 蓝色 = 白色这样的结论；同理，也可以得出绿色 + 洋红色 = 白色、青色 + 红色 = 白色的结论。

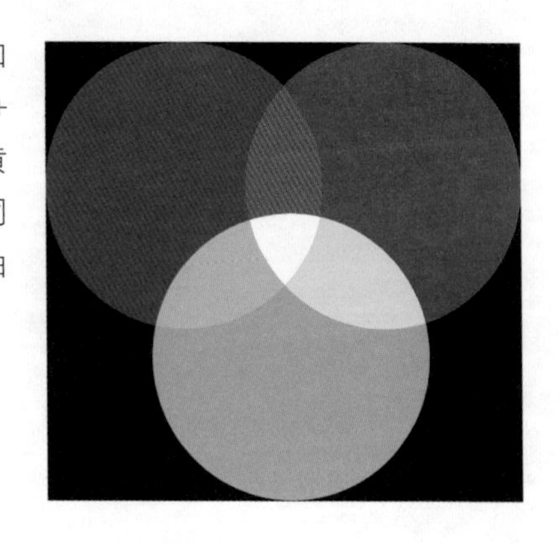

9.2　色光三原色与其他三原色

对自然光进行分解，最终可以得到三原色。在摄影后期处理中，人们往往称由光线分解得到的三原色为色光三原色。在实际应用中，大家还可能听说印刷三原色，即由洋红色、青色和黄色 3 种色彩叠加，能够得到黑色，适合用于印刷，所以称为印刷三原色。在绘画艺术中，还有黄色、红色和蓝色这种三原色组合，这种被人们称为美术三原色。对于摄影后期，大家只需记住色光三原色就可以了。

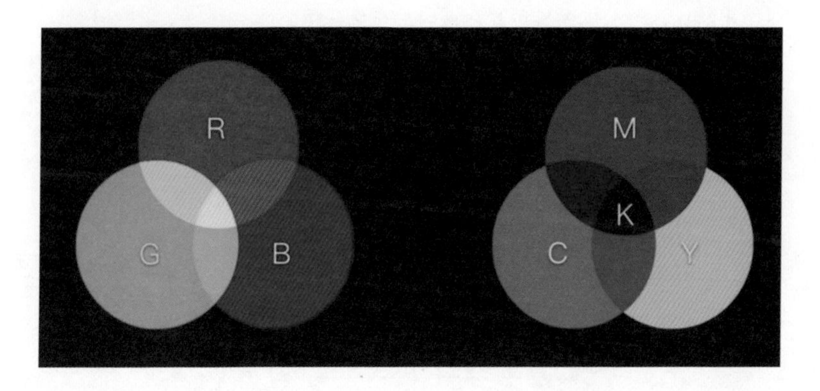

9.3　三原色与互补色

三原色图中无法显示更多的色彩，所以大家可借助色环图来进行观察和分析，下图所示的这个色环图是按照红、橙、黄、绿、青、蓝、紫的顺序排列的。经过观察，人们很容易弄明白色彩之间的关系，也便于记忆。

黄色 + 蓝色 = 白色、洋红 + 绿色 = 白色、红色 + 青色 = 白色，从色环图上可以看到，这些色彩都是直径两端的色彩，它们是互补的，由此可以得出结论：互补的两种色彩，混合后得到白色。

前面的知识看似非常绕口和难以记忆，但这是针对色彩方面最简单的一些规律。如果记不住，可以从网上找到将前面这几张照片，贴在显示屏旁边。因为在使用后期处理软件进行调色时，经常会用到色彩叠加混合规律。

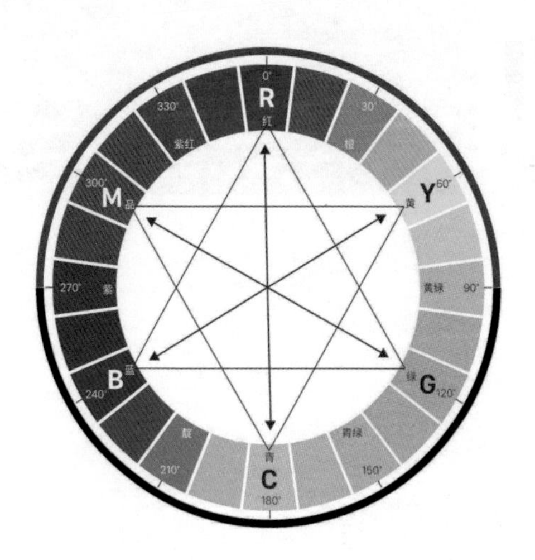

9.4　互补色在数码后期调色中的应用逻辑

在后期处理软件中，几乎所有的调色都是以互补色相加得到白色这一规律为基础来实现的。例如，照片偏蓝色，表示场景被蓝色光线照射，拍摄的照片自然是偏蓝色的，调整时只要降低蓝色，增加黄色，让光线变为白色，就相当于在白光下照射，拍摄的照片色彩就准确了。这便是最简单、直接的后期调色原理。

9.5　色彩平衡调色的原理及使用方法

在 Photoshop 中打开一张照片，创建一个色彩平衡调整图层。在打开的“色彩平衡”的“属性”面板中，有“青色—红色”“洋红—绿色”“黄色—蓝色”这 3 组色彩，色条右侧是三原色，左侧是它们的补色。

在具体调色时，先在“色调”下拉列表中选择“高光”“中间调”或“阴影”选项，限定调整的区域，然后拖动滑块调色。对于本案例，画面整体偏蓝，这里选择默认的“中间调”，然后向右拖动“青色—红色”滑块、“洋红—绿色”滑块，则可以让画面的蓝色减少。当然，也可以直接向左拖动“黄色—蓝色”滑块来减少蓝色。

提示：虽然两种方法都可以调整蓝色，但向色光三原色方向（本案例是红色和绿色）拖动滑块，蓝色减少的同时画面会变亮；向印刷三原色方向（本案例中是黄）拖动滑块，蓝色减少的同时画面会变暗。为什么会这样呢？其实很简单，色光三原色叠加会变白，印刷三原色叠加会变暗。

9.6　曲线调色的原理及使用方法

下面来看一个非常重要的调色技巧——曲线调色。

创建一个曲线调整图层，在打开的“曲线”的“属性”面板中，打开 RGB 下拉列表，其中有“红”“绿”“蓝”3 种原色选项，调色时可以根据实际情况调整这 3 种原色的曲线。

如果照片偏蓝，则可以直接在蓝色曲线上单击，按住曲线向下拖动，就可以减少蓝色。

如果照片偏黄，由于没有黄色曲线，就应该考虑调整黄色的补色——蓝色，只需选择蓝色曲线，增加蓝色，就相当于减少了黄色，这样就可以实现调整的目的。

这就是曲线调色的原理。实际上，它的本质也是互补色调色。色彩平衡、曲线甚至色阶调整等，都有简单调色的功能，调色的本质都是互补色调色。

9.7　可选颜色调色的原理及使用方法

可选颜色调色是针对照片中某些色系进行精确的调整。比如，如果照片偏蓝色，利用“可选颜色”可以选择照片中的蓝色系像素进行调整，并且还可以增加或消除混入蓝色系的其他杂色。

打开要处理的照片，在“图像”菜单中选择“调整”命令，在打开的子菜单中选择“可选颜色”命令，即可打开“可选颜色”的“属性”面板。对于“可选颜色”功能的使用，非常简单。在面板中间上方的颜色下拉列表中，有红色、黄色、绿色、青色、蓝色、洋红等色彩通道，以及白色、中性色和黑色几种特殊的色调通道。要调整哪种颜色，先在颜色列表中选择对应的色彩通道，然后再对照片中对应的色彩进行调整就可以了。

本案例照片偏蓝，因此选择“蓝色”通道，增加黄色，就相当于减少蓝色；同时，为了避免照片因增加印刷三原色（这里是黄色）而导致的照片变暗，可以同时减少青色和洋红（也是印刷三原色），相当于增加黄色，但却可以提亮画面；最终确保调色的同时照片明暗不发生变化。

9.8 互补色在ACR/LR中的应用

互补色的调色原理在 ACR 中也是适应的，但是它在 ACR 中的功能分布比较特殊，主要集成在色温调整及校准的颜色调整当中。

依然以这张照片为例，在 ACR 中将其打开，先切换到对比视图，再切换到“校准”面板。

在“校准”面板中，向左拖动蓝原色的“色相”滑块，这样画面中所有冷色调都会向青色的方向偏，暖色调则向青色的补色，也就是红色的方向偏，这样可以在一定程度上消除蓝色。

将绿原色的“色相”滑块向右拖，也就是向青色的方向拖动，可以进一步消除蓝色。

9.9　同样的色彩为什么感觉不一样

将同一种的蓝色放在不同的色彩背景上，给人的色彩感觉是完全不同的。在黄色背景、青色背景和在白色背景中，蓝色给人的色彩感觉就是不一样的，人们会感觉这是不同的蓝色。那么哪一种蓝色给人的感觉才是准确的呢？其实非常简单，在白色背景中的蓝色给人的视觉感受是最准确的；在黄色与青色背景中的蓝色，给人的感觉是有偏差的。即以白色作为色彩还原的参照，可以让人眼识别准确的色彩。相机和计算机软件亦如此，这也是白平衡调色的原理。

9.10　灵活调色，表达创作意图

在人像摄影中，最准确的色彩并不一定有最好的效果，即并不是所有的照片都要通过白平衡校正还原出最准确的色彩。

在实际应用中，往往要根据现场的具体情况和画面的表现力来进行白平衡的调整，让照片的色彩更有表现力。

下面这张照片就适当提高了色温与色调值，画面变暖，有助于烘托节日喜庆的氛围。

9.11　照片滤镜调色的原理及使用方法

下面再来看另外一种调色功能——照片滤镜。照片滤镜主要是指在 Photoshop 中通过添加色温滤镜，让照片的色调变冷或变暖。

照片滤镜是为照片整体渲染某一种色调，来营造特定氛围。

如下图所示，原图色调比较淡。此时，创建照片滤镜调整图层，打开“照片滤镜”的“属性”后，为画面渲染一种暖色滤镜（这里是 Warming Filter），可以看到画面色彩变暖。

9.12　匹配颜色调色的原理及使用方法

下面介绍一种大家比较陌生，但却非常好用的色彩渲染技巧——匹配颜色。顾名思义，它是指用参考照片的影调及色调去匹配要调色的照片，最终让要处理的照片拥有参考照片的色调与影调。

以下面这张照片为例，首先，在 Photoshop 中打开这张照片，以及另外一张参考照片。切换到要调色的照片，然后打开“图像”菜单，选择“调整”→“匹配颜色”命令，打开“匹配颜色”的“属性”面板。在下方的“源”下拉列表中选择要使用的参考照片名，这样参考照片的色调和影调就会被匹配到想要调色的照片上了。

这种匹配的效果非常强烈，可以通过调整“明亮度”“颜色强度”“渐隐”等参数，让匹配效果更自然。

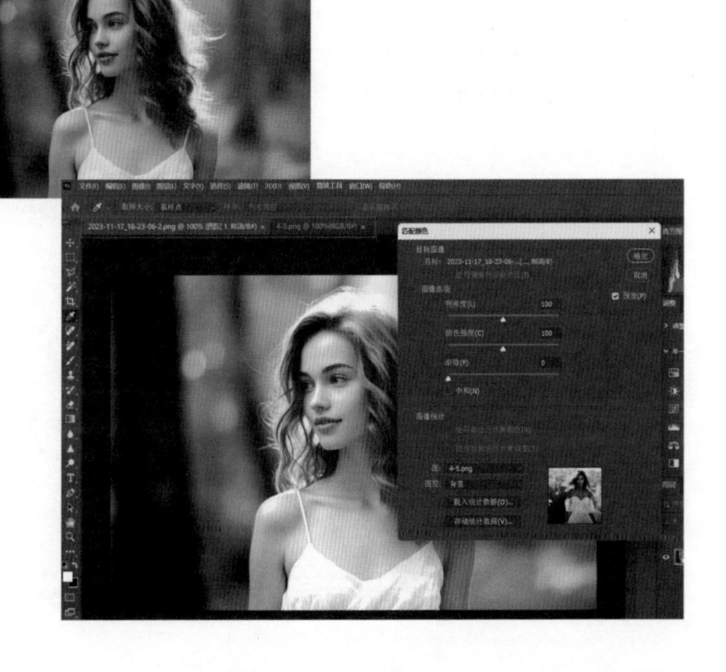

9.13　通道混合器调色的原理及使用方法

下面介绍一种比较难理解的色彩渲染技巧——通道混合器。从界面布局来看，通道混合器与前面介绍的可选颜色等有些相似，但实际上它们的原理却相差很大。

首先打开原始照片，然后创建通道混合器调整图层。在“通道混合器”的“属性”面板中，可以看到红、绿、蓝三原色，以它们的色条。

对于示例照片，想要让照片变暖，在上方的输出通道当中选择“红”通道。一般来说，在摄影后期处理中，输入是指照片的原始效果，输出是指照片调整之后的效果。

如果要让照片背景中的绿色变得偏暖、偏红。选择“红”通道之后，在下方就可以向右拖动“绿色”滑块，相当于在绿色系景物中加入红色。注意，此时画面整体会变红。后续如果只想要背景的绿色植物变红，那么可以将蒙版反向，隐藏调色效果，然后在背景的绿色部分用白色画笔擦拭，还原出调色效果。

实际上，本章所讲的大部分调色功能，都是结合调整图层的蒙版来使用的。调色后，要用黑色蒙版遮挡调色效果，然后用白色画笔还原想要调色位置的调色效果。